愛·兒·學 合作出版

A Visual Guide to the Amazing Behaviors of
Your Newborn and Growing Baby

Your Baby Is Speaking To You

寶寶正在
跟你説話

新手父母必備的嬰兒表情圖鑑

凱文·努金特博士 Dr. Kevin Nugent ——— 著

阿貝拉多·莫瑞爾 Abelardo Morell ——— 攝影

廖婉如——— 譯

❧ 愛兒學書系選書理念 ❧

　　愛兒學社會企業成立於 2019 年，致力於推廣育兒、親子教養與嬰幼兒心理健康。2020 年，愛兒學與心靈工坊合作，成立「LoveParenting‧愛兒學書系」，著重於引介嬰幼兒心智健康的相關書籍。

　　成為爸媽，迎接一個孩子到我們的生活，是許多人生命中最重要的一件事。不只是因為身分轉變後，我們的生活重心將重新調整，以培養這段永久的關係，更因為身為父母，我們的言行舉止會影響孩子的三觀與自我定位。因此，愛兒學相信，如果在孩子嬰幼兒期，爸媽就能跟小孩建立正向健康的「心理連結」，這份緊密的情感依附，會成為孩子日後安全感與幸福感的基礎。

　　建立心理連結是很美好但也很困難的事。在這個過程中身為父母的我們，必須先檢視自己的內心，坦然面對自己的情緒，才能接受最真實的自我。這麼做有時候會迫使我們回顧自己的成長經驗，與過去的自己和解，或放下心中的結。這很不容易，但卻是為人父母進而豐富人生的契機。

　　本於這個理念，在選書上，我們將著力於兩大方向，一是貼近大眾的親子教養類書籍，強調親子教養觀念的扎根與普及化；另一，則是探討嬰幼兒心理健康的專業理論書籍，期能藉引介國外最新的心智發展理論，培育出在地的嬰幼兒心理諮商專業人才。

　　愛兒學期待，藉由我們精選的育兒書籍，能陪伴你在這段旅程中，將衝突轉化為互相理解的學習機會；讓日常相處變成茁壯孩子內心的養份，和將來我們珍藏的回憶。

愛‧兒‧學
Love-Parenting.com

帶著滿心感恩，獻給我的摯愛鄔娜、奧菲和大衛・德坎

——努金特

獻給蘿拉和布萊狄，曾經躺在我懷裡的兩個寶貝

——莫瑞爾

目 次

30 多年前，剛來到波士頓兒童醫院不久，我有機會跟隨布列茲頓醫生（Dr. Berry Brazelton）巡房，他當時已經公認是嬰兒研究的先驅。我仍記得，我望著鑲鋼框的嬰兒床被推進新生兒診察室的一個安靜角落，看見才出生一天的小寶寶，被牢牢地裹在褓裸中，頭上戴著棉質嬰兒帽，只露出她的粉嫩小臉。年輕的母親進到房裡時，我們都安靜下來。她坐在嬰兒床邊，神情焦慮且脆弱，可想而知，有穿白袍的觀察人員在場讓她很緊張。

布列茲頓醫生著手解開褓裸，我不知道該預期什麼。當時我尚未為人父，以為才出生一天的嬰兒不過就是一個小寶寶罷了。他測試她的足反射，彎舉她的手臂和腿，檢查她的肌力。這時寶寶已經完全清醒，布列茲頓醫生突然拿起一顆紅球，擺在距離她眼睛 30 公分的地方。新生兒真的看得見嗎？我納悶著。就在此時，她的眼睛鎖定那顆鮮亮的球開始追蹤它。「她看得見！」她媽媽脫口而出，難以置信地搖搖頭。當布列茲頓醫生用輕快的語調跟嬰兒說話——喚她的名字，莎拉——她的眼睛睜大、發亮。這會兒她的反應絕對不是偶然隨性。她的目光堅定，一種穩定的質感存在於嬰兒和醫生之間反覆一來一往的互動中。

在那一天，我頭一次看見新生兒的炯炯目光。才出生一天的寶寶不是等著世界來形塑其命運的被動有機體。莎拉的視力和聽力無庸置疑，令我驚艷的是，她彷彿天生有一種好奇，而且準備好要投入新環境與之連結。她十足是個人。當我瞥見這位年輕媽媽把嬰兒貼在乳房之際眼眶泛著淚水，口裡反覆叫著她的名字，不再因為我們在場而

緊張，我的思緒當天二度被打斷。母嬰情感聯繫的強韌和溫柔令我動容。彷彿這位母親剛剛發現自己對寶寶的愛有多麼深。

如果說莎拉和母親的關係在那天有了轉變，我也起了深刻變化。確實，我專業上對兒童發展的興趣是從那一刻開始的。在老舊的波士頓婦幼醫院的那個冬日，目睹這新生兒的奇妙本領，以及這些本領對於母親的強大作用，無疑把我的人生轉往一個新方向。我是後來才明白，我自己的童年經驗，讓人生的這個轉變儘管始料未及，卻是早已注定。

我對莎拉的反應，呼應了我在母親過世後照顧幼小弟弟的那段歲月。當時我不滿十一歲，失去母親讓我頓失愛與安全感。我感到被遺棄、很孤單，脆弱、悲傷、傷痛、空虛和失落快把我壓垮。但是照顧幼小弟弟——抱他、餵他、幫他換尿布、跟他玩耍、推著嬰兒車在愛爾蘭家鄉小鎮街上走——不知怎地，竟把我從哀傷和孤單中拉出來。它填補了我內心的空洞，讓我在驟然失去愛與安全感的世界重建了信任。那段經驗讓我重拾最初的純真，也抓住了一絲希望。

多年來，在某種不可抗拒的命運安排下，我在兒童醫院的工作逐漸聚焦於嬰兒與照顧者連結的能力，以及嬰兒對照顧者所起的轉化作用。研究者已經明白指出，就生物機制來說，嬰兒是親社會（pro-social）的有機體，會積極尋求與周遭環境的接觸。親社會的新生兒確實是造物主的傑作，有能力讓每個進入其生活圈的人都有所蛻變。

本領高強的新生兒

新生兒與生具有豐富的行為清單（behavioral repertoire），能夠進行短暫的面對面、眼對眼的交流。這種準備好與照顧者連結的狀態，在廣泛的視覺、聽覺和知覺能力加持下，使得嬰兒能夠探索周遭世界。

我們現在知道，寶寶喜歡人臉勝於其他東西，甚至能夠區分快樂的表情和悲傷的表情。新生兒的聽力十分靈敏，聽得出一段旋律裡少了一拍，更重要的是，能夠認得媽媽的嗓音。寶寶的嗅覺打從出生起就發展完備，甚至可以明確辨識出媽媽的味道。由於感覺皮質是嬰兒出生時大腦中發展最完備的部位，因此寶寶的觸覺已經發展出相當精巧的敏銳度。

然而單單列出這些個別的能力，無法充分彰顯新生兒行為清單的豐富多樣。反倒是他們如何以一種連貫的，甚至是有目標的方式整合這些能力，會顯露出獨特的個人特質。總地來說，這些出色的能力可以讓寶寶面對眼前的重大發展任務，也就是說，跟你形成一種持久的依附關係。

嬰兒的語言

嬰兒的英文 infant，源自拉丁文的 *infans*，意思是「不會說話」。嬰兒雖然不會說話，卻有形形色色早熟得驚人的溝通策略。其中有一些溝通線索清楚又明確，明明白白邀請你跟他互動或相處，或者挑明地撇開頭去或不搭理你，但另一些卻不容易解讀。你的寶寶打信號的策略被精巧地設計來吸引人注意，從而確保她的存活和適應。她的語言也許清晰得像嚎啕大哭（「幫幫我」），或者幽微飄忽，像是皺起眉頭，表示她有點不開心（「這樣的交流對我來說有點太強烈了」）。

嬰兒可能雙眼發亮（「這很有趣」）或臉色微變（「我有點太緊繃了，讓我稍微休息一下」）；睏倦地微微一笑（「我正在放鬆，請不要吵我」），或呼吸急促（「這變得太刺激了」）。

不管是挑起眉毛或皺起眉頭，張開手指或繃緊腿部肌肉，這些信號都是寶寶用來溝通的「字」或「句」，他第一語言的音素，最初的話語。這些行為信號並非毫無意義的，

它們傳遞信息、提供資訊，告訴你寶寶要發育成長需要什麼樣的照顧、他喜歡什麼或討厭什麼。《寶寶正在跟你說話》將會告訴你如何觀察和解讀這些信號。

真實的反應

寶寶給的線索很可靠；感受和表達不會不一致。事實上，新生兒臉部和聲音的表情要比大孩子或大人的更幽微。然而和大人不同的是，嬰兒不會掩蓋他們的感受。寶寶的行為是可靠的一扇窗，從中可望見他的心智和感受。不管是長時間嚎啕大哭、上眼皮眨動、耀眼的社交性笑容，都是真誠的反應，你可以無條件信賴它。

由於寶寶在某個程度上已經知道他的存活得依靠照顧者，所以他會關注照顧者行為上的蛛絲馬跡。你的寶寶對於每一個令人安心的觸摸、話語和歡呼是纖細敏感的。你所有的關愛反應都會加深寶寶健全、安全的感受，並且在他腦海裡留下印記。

了解寶寶的語言

爸媽和其他照顧者往往會語帶得來不易的幽默，感嘆說寶寶出生要是附上使用手冊就好了。其實你的寶寶的確帶著照顧指南出生，它就內建在他的行為中，告訴你他需要什麼才能好好活下來並成長茁壯。只不過，這些指南需要被解碼。也因為每個寶寶都不一樣，各有各的性情和敏感度，每個寶寶的指南也是獨一無二的。你在學習解讀寶寶行為的過程中，他會提供你非常精確的資訊，說明他的偏好、需求和期待——他是什麼樣的人！

《寶寶正在跟你說話》旨在做為一本指南，破解寶寶的行為密碼，解讀他的語言，讓你能聽到他的心聲，了解他在說什麼。內文搭配著照片有助於你磨練觀察技巧，學會看出寶寶給出的線索，辨識它們的意義。隨著你翻看這些照片呈現的每個表情、姿勢和動作，探究內文的意義，你將做好準備，迎接在自己的寶寶身上讀出這些涵義的深深悸動——我有幸屢屢在新手父母身上見證。

這是你的寶寶

《寶寶正在跟你說話》不僅僅是多年來關於嬰兒眾多出色本領的研究總結；它將幫助你把寶寶當作一個人來認識，讓身為父母的你更得心應手。

這本書不打算對於如何照顧寶寶提供建言。坊間有很多寶貴的書籍為父母提供意見，你的社群裡也有很多睿智的人可供你尋求建議。在這裡你會看到很多照片和關於寶寶表情和行為的描述，以及關於這些表情和行為是怎麼出現的說明，也包括從寶寶成長和發展的觀點來看它們代表什麼意義。這本圖說指南將幫助你在寶寶身上認出這些行為，甚至那些轉瞬即逝的幽微行為，好讓你用寶寶所期待和需要的方式回應。倘若這本書能像一把鑰匙，解開寶寶行為的奧祕，使得認識寶寶的過程令人滿足又愉快，那麼這本書就可說是大功告成了。

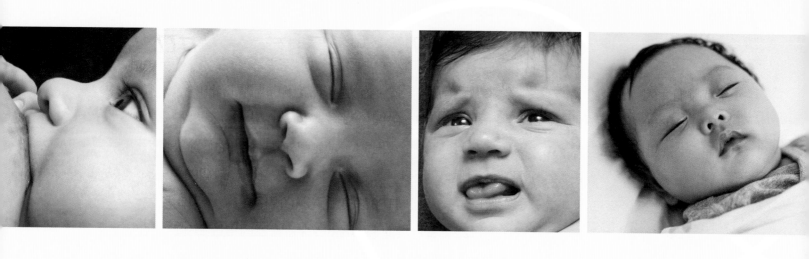

睡眠、哭嚎、吸奶

入睡的寶寶

寶寶天生會吸引我們的注意。他們的無助引發了我們最純粹的保護本能，因而確保了他們能夠存活下來，並且健康成長。

你的寶寶的模樣，那圓滾滾的臉蛋、一絡絡頭髮、小巧的手指頭和腳趾頭、粉嫩的皮膚，還有軟綿綿、肉呼呼的手臂和小腿，無不緊緊擄獲你的目光。她睜大眼睛機靈盯著你，每每教你無法移開視線。即便她睡著了，那模樣同樣動人心弦。

在深夜裡，你是不是俯身在嬰兒床上方，慈愛地端詳睡夢中的寶寶？你不僅欣賞那完美的小小身軀，也會在這個時候稍微拉開一點距離，欣賞她本身是個不同的個體。看著入睡的寶寶純真模樣，你的想像力開始飛馳，幻想在她往後的生命裡，你甘心為她的成長付出的每個契機。更平實地來說，只有等到寶寶入睡，你才有空處理生活中其他的事，知道寶寶已經被安頓下來而且心滿意足，至少在這一時半刻裡，她暫時不需要你來照顧。看著入睡的寶寶，會不會讓我們想到，時間是別有深意的一份饋贈？

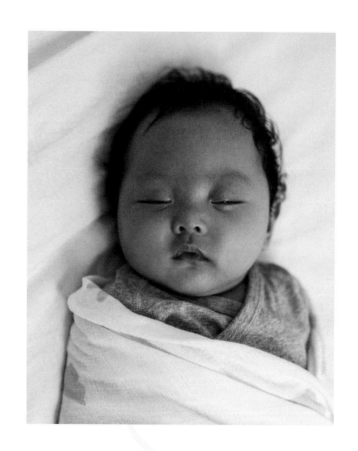

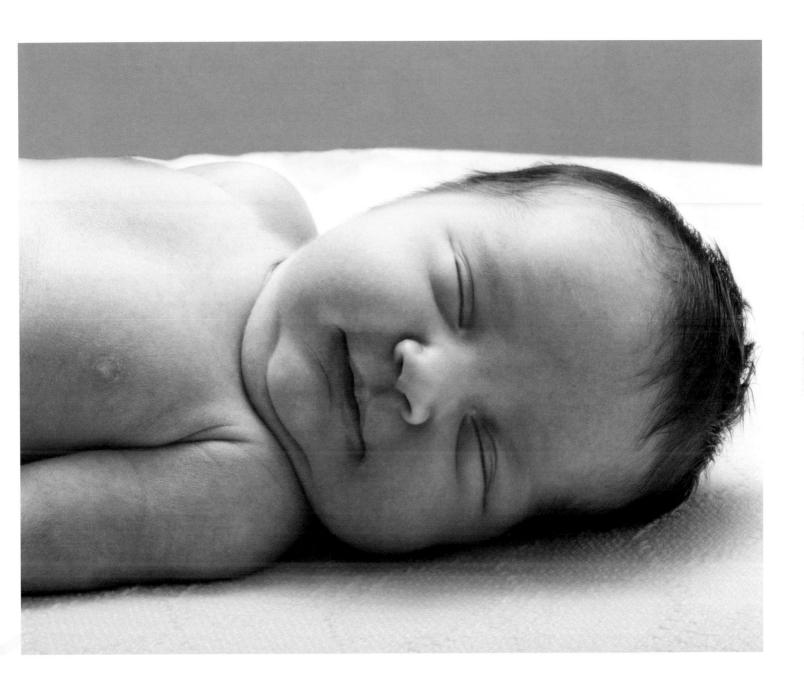

深層睡眠

乍看之下，入睡的寶寶好像沒做什麼事。其實這沒有表面上看到的那樣簡單。寶寶的睡眠分為兩種——深層睡眠和淺層睡眠，分別在他們的發育過程中扮演不同的角色。

照片裡這個寶寶處於深層睡眠。他的面容平穩，他舒展的眉毛沒有一絲皺紋，眼皮跳也不跳一下。事實上，除了胸腔隨著呼吸而略微起伏之外，他的身體也幾乎不動。盯著入睡的寶寶看時，你也許會看到他突然驚醒，呼吸連帶起變化，隨後又馬上回到深層睡眠。在這個睡眠階段，氧氣消耗量低，而且會釋放成長賀爾蒙，有助於恢復精神，讓寶寶睡醒後有精力和體力來回應你，並順利地吸奶。

能夠在跟相對安靜的子宮世界很不一樣的環境裡睡著，是個驚人的成就。你的寶寶現在得學會在充斥著面孔、說話聲、噪音和光線，時時在變化的世界裡保有睡眠。要從陣痛和分娩過程恢復過來，而且要適應新世界，你的寶寶每天需要十六至十八小時的睡眠，也就是說有六成至七成的時間都在睡覺，但每次的睡眠時間不會超過四個半鐘頭。

在深層睡眠中，寶寶能夠選擇性地不理會某些聲響和亮光。有能耐過濾掉對他來說「不重要的」聲音——那些響亮、突然和重複的聲響——代表他的適應力出奇地好。不過也有一些特別敏感的寶寶很難適應高度刺激的環境。對於外在刺激的忍受力較低的寶寶，必須花更大的力氣來保有他的睡眠。他們醒來的時候可能沒什麼力氣吸奶或玩耍。

這種情況的寶寶需要被穩當地包裹在襁褓中，或移到燈光柔和的安靜地點，才能維持長時間的深層睡眠。隨著時間過去，加上從你這裡得到些許協助，較敏感的寶寶就能學會按他自己的步調應付睡眠。

淺層睡眠

這個睡眠階段通常被稱為淺層睡眠或快速動眼睡眠，因為你會看到寶寶輕輕闔上的眼皮底下，眼球顫動著。他整個身體偶爾也會動一動，好像在伸懶腰。不過，他很快會再安穩地睡覺，手臂和腿又回歸原位。如果你仔細觀察處在快速動眼睡眠的寶寶，會看到他表情起變化——他會像在吸吮乳頭似地張嘴、噘嘴、翹嘴，蹙眉，或皺起鼻子，或瞇緊眼睛——可是他沒有醒來。有時候你還會看到他臉上有似笑非笑的表情。

寶寶在出生之前，大多數的時間都在睡覺。但愈接近產期，睡眠型態會更規律。動也不動的安靜睡眠，和更活躍的睡眠狀態相互交替。新生兒的睡眠時間幾乎有一半處在快速動眼睡眠期，很多研究者認為，這種睡眠會刺激大腦，也和處理及儲存訊息有關聯。此外，快速動眼睡眠期的眼球活動會活化一種類似膠質的物質，可幫助眼球充分含氧。

如果你日以繼夜記錄寶寶的行為，你會發現有個循環逐漸成形，深層睡眠的階段過後會有一段安靜的睡眠。形成可預期的睡眠—甦醒型態，是養成睡一整夜的能耐的基礎，這是你和寶寶往後幾個月要面對的任務。

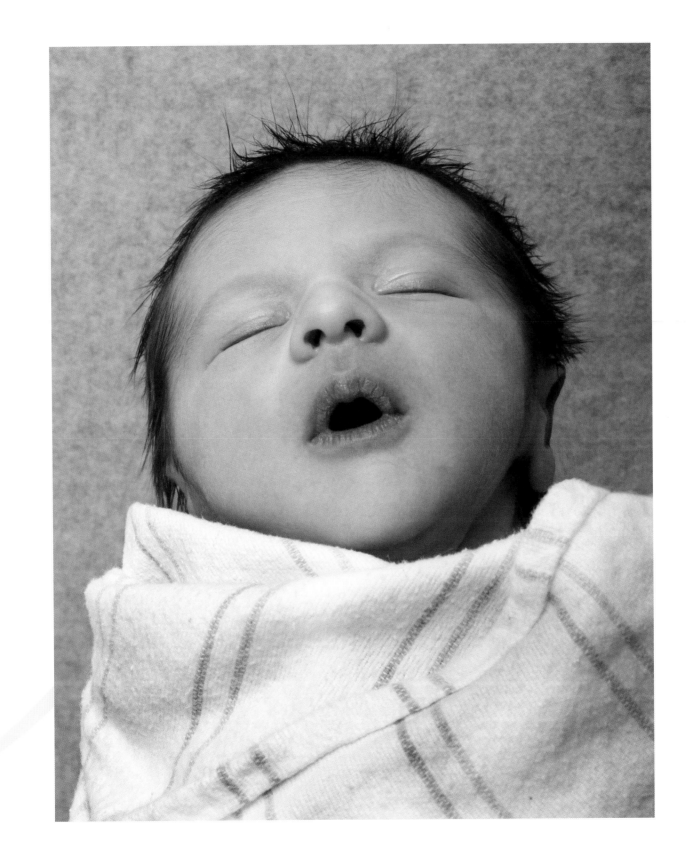

大哭

看到寶寶大哭，不管是否為人父母，很少人會無動於衷。我們會當場停下手邊的事。寶寶哭得愈久，哭聲愈刺耳、愈急切，我們愈能夠體會寶寶的苦惱。寶寶粉嫩的圓臉突然變形，漲紅；嘴唇的完美輪廓被撐大，眉頭皺在一起，手亂揮、腳亂踢。你會吃驚地發現，不到一、兩個月大的寶寶，哭的時候是不掉淚的，但毋須眼淚你也知道，寶寶大哭是明明白白在呼救。沒有其他時刻會讓你的寶寶看起來這麼無助，這麼需要你的關注。你不免會趕忙伸手把她抱在懷裡安撫。

哭是寶寶最明確的溝通形式，告訴我們她餓了、不舒服、刺激過多、累了或疼痛。寶寶的某些哭法很容易解讀，有些則比較困難。當你愈來愈了解你的寶寶，你會發現她的各種哭法強度和音量不一，音高和長度也不同，甚至她的感受也程度有別。

肚子餓和不舒服的哭，偏向於一開始哭得比較小聲，然後變得大聲而有節奏。疼痛的哭有特別的模式，從拔尖的一道哭聲開始，接著暫時沒了聲音，然後持續大聲地哭。疼痛的哭甚至會哭得屏住呼吸，上氣不接下氣。了解寶寶為什麼會哭是有難度的事，但隨著時間過去，你會辨認出哭法的不同，也就更容易安撫寶寶。

試想一下，要是你的寶寶不會哭或哭嚎沒被聽到會是什麼情況。寶寶的哭聲雖然聽起來很擾人，卻是天生要來激起你做出適當的安撫。你對寶寶的苦惱所做的回應，帶來深刻的撫慰，讓寶寶感受到新環境是安全的，因為她呼救的哭喊可靠地得到回應。這是你的寶寶對你和新世界形成深刻信任感的主要方式之一。

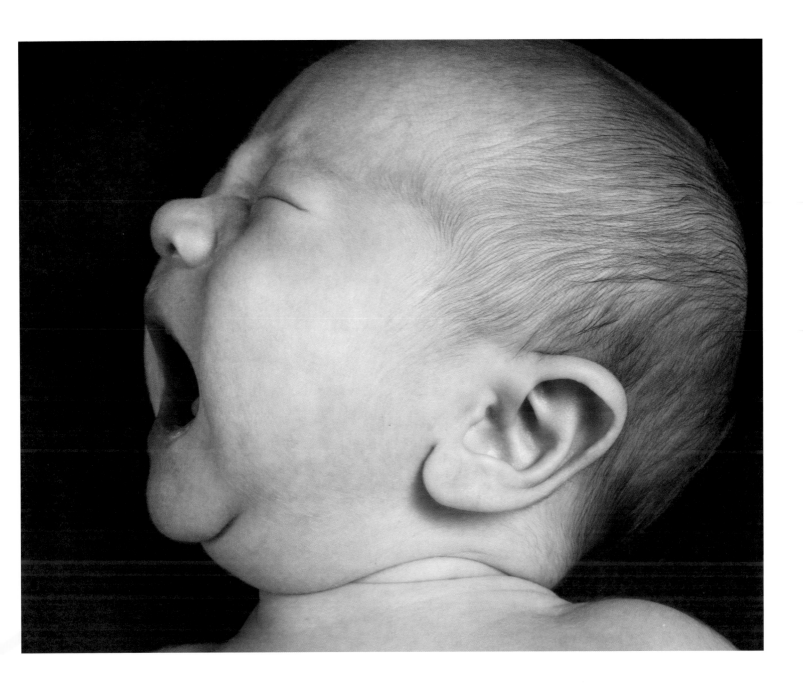

煩躁

出生幾週到幾個月的寶寶都會哭鬧，不管你回應她哭鬧的方式多麼敏銳和一致。儘管每個寶寶哭鬧的型態不同，大約在出生六週左右，哭鬧的情況會達到高峰，然後在四個月大左右逐漸降低。在出生後的頭幾個星期和頭幾個月，寶寶可能在下午和晚上比較愛哭鬧，雖然煩躁的寶寶很可能一整天都哭鬧不休。

煩躁是低音的、較不強烈的一種哭法，寶寶不會像嚎啕大哭那樣出現張大嘴巴的「哭臉」或身體緊繃的樣子。煩躁的寶寶看起來沒有哇哇大哭時那麼絕望。雖然煩躁時也會出現很多動作——你會看到寶寶眉毛內角上揚，皺起額頭，張嘴伸舌——但是她煩躁的聲音和表情都不像哇哇大哭時傳達的那樣急迫。煩躁通常也不像一陣大哭持續那麼久。

雖然不如大哭劇烈和醒目，煩躁還是會吸引你的注意——它本身的功能就是要引你注意！等到你的寶寶開始嚎啕大哭，她已經相當難過，而且難以安撫了。因此，當她開始斷斷續續動來動去而且開始煩躁，她正在發出警訊，告訴你她就快要氣炸了，甚至就快要受不了了。當你愈來愈熟悉寶寶不舒服的最初徵兆，你就能夠回應諸如扭動不安或煩躁這類線索，提供她需要的協助。

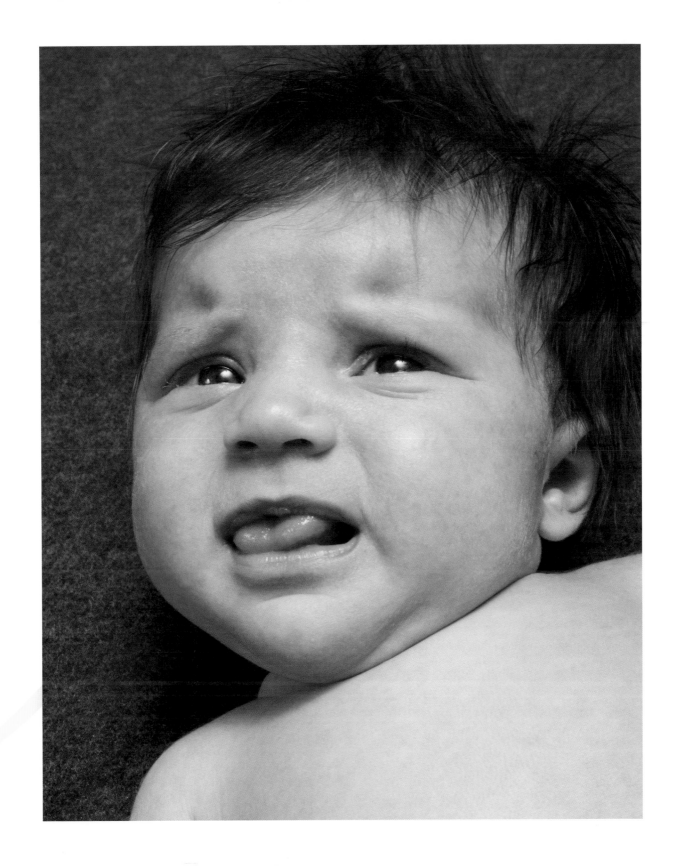

尋乳反應

寶寶嘴唇內部和周圍的觸覺非常敏感。對觸覺的敏感性，是在受孕八週之後開始發展，而且是從頭到腳趾頭依序發展。嘴巴是最先變得敏感的區域。

在新生兒階段，寶寶嘴巴的觸覺比身體的其他部位更為敏感。如果你摸摸她的臉頰或輕觸嘴唇周圍，她會馬上轉向刺激的方向並開始搜尋。媽媽乳房的柔軟肌膚最容易觸發這個所謂的自動尋乳（rooting）或搜索反應。這時寶寶會前後移動頭顱，張嘴並噘起嘴巴，將嘴唇挺向前，動動舌頭。這些動作看起來有目的性，並無疑是堅決的。只有她成功地用嘴唇含住媽媽乳頭開始喝奶，才會停止尋索。她現在心滿意足。顯然這就是她一直想要的。

在很多語言裡，這個行為被稱為尋乳反應。西班牙文是 reflejo de búsqueda，義大利文是 riflesso di ricerca，法文是 recherche réflexe du sein。所有文化都認為這個行為精妙地被設計來確保寶寶能夠找到食物的來源，因而能夠存活。雖然這個搜索反應可能意味著你的寶寶餓了，也可能單純只是她的臉頰碰觸到妳的乳房，所以她轉向乳房。

幾個星期後，當自發的轉頭動作更為確立之後，尋乳反應就會減少；你的寶寶現在不需要搜索就能直接迎向乳房。但是在最初幾個星期，尋乳反應通常是你的寶寶準備好要喝奶的主要訊號。

吸奶

胎兒一做出吸吮的動作就會把羊水喝進去，然而新生兒在成功地把奶水喝進肚裡之前，要面對劇烈的新挑戰。要達成這項任務，嬰兒的吸吮反應扮演關鍵作用，不管是喝母乳或吸奶瓶都是如此。寶寶得學會含住乳頭，同時把吸吮和呼吸統整爲一個順暢的動作，不必爲了呼吸而鬆開奶頭。有些寶寶很輕鬆就可以做到這些。

要讓餵奶對寶寶和妳來說都是很愉快的體驗，要先確認寶寶處在平靜但清醒的狀態。接著找到寶寶感到最舒服的姿勢，看懂他拋出的線索，當他累了或感到有壓力，就不要強迫他繼續吸奶。

儘管對大多數的寶寶來說，吸奶是很滿足的體驗，但有些寶寶的吸吮反應沒那麼成熟，結果寶寶會拱起背、噎到，或者吞嚥困難。況且，很多媽媽在餵奶時會感到疼痛，於是餵奶變成令人難過又沮喪的事。儘管媽媽們都能以毅力和耐心克服大部分困難，但來自哺乳顧問或媽媽團體的支援也有助於母親和嬰兒調整出順暢的餵奶經驗。

如果喝母奶對寶寶來說是非常滿足的時光，對於泌乳的媽媽也會是美滿愉悅的。寶寶的吸吮會刺激乳房的神經向大腦的腦下垂體傳遞訊息，使之分泌催產素，進而促使乳房泌乳。高濃度的催產素也會激發母親對嬰兒的憐愛。當妳的寶寶成功地含住妳的乳頭，妳會看到寶寶身體語言的每個充滿韻律的字句都在告訴妳，她需要的一切都被滿足了。寶寶對於營養、安全感、被摟抱撫摸、尋找妳的目光等等的主要需求，都在餵奶的這個崇高時刻滿足了。

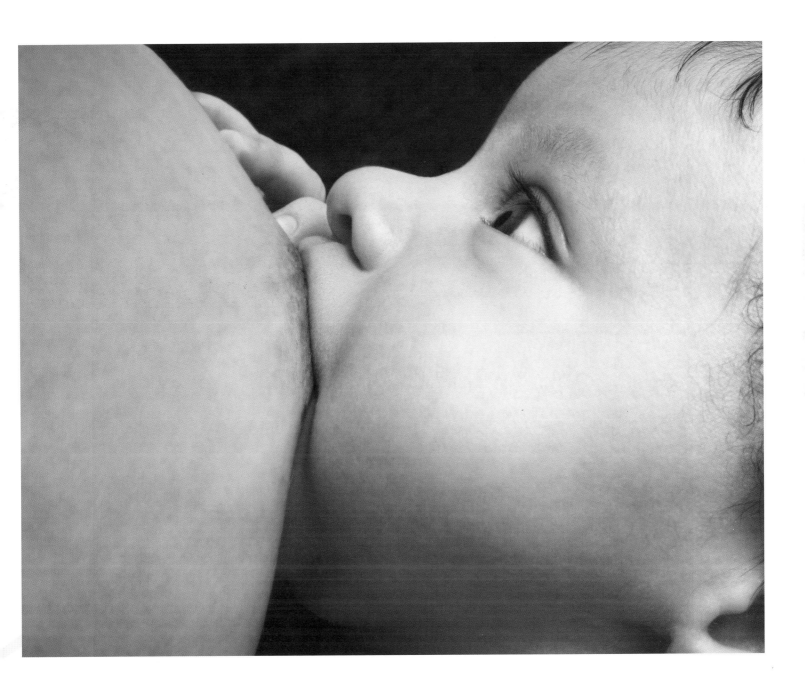

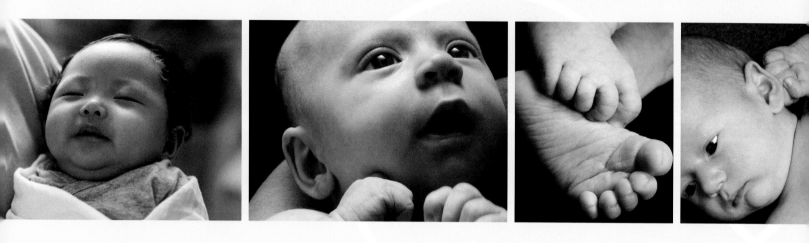

奇妙的新生兒

擊劍反應

你有沒有注意到，寶寶躺著的時候，似乎偏好轉向某一側？大多數寶寶躺下時頭會轉向一側（通常是右側），他們的手臂也有獨特的姿勢，有時被稱爲「擊劍反應」，因爲那姿勢就像擊劍的起手式。不論寶寶的臉轉向哪一側，同側的手臂會伸長，另一側的手肘會彎曲。寶寶偏好的這個動作，或者說「舒服的動作」，似乎是延續他在子宮內採取的姿勢，等到他出生，這個姿勢已經牢牢地固定下來了。

維持這個姿勢的能耐，給了嬰兒穩定感和掌控感，好讓他整頓自己，並且把注意力投注於周遭環境。擊劍反應把伸展的手臂放在嬰兒的視野之內。這給了他對於距離的覺察。這也意味著，一整天下來，你的寶寶通常清楚地看到自己的手。這個姿勢很可能會影響到他將來伸手的動作，最終也可能會決定他的慣用手是哪一隻，也就是寫字的那隻手。

寶寶不開心的時候可能擺出這個姿勢做爲因應的辦法。擊劍姿勢讓他可以找到自己的手，接著他可以把手放到嘴裡開始吸吮，讓自己安定下來。你的寶寶自發地使用這個擊劍姿勢，是他整頓自己、安撫自己的一個寶貴方法。這姿勢讓他鎖定下來，開始細察他的周遭環境——不疾不徐，一派從容。

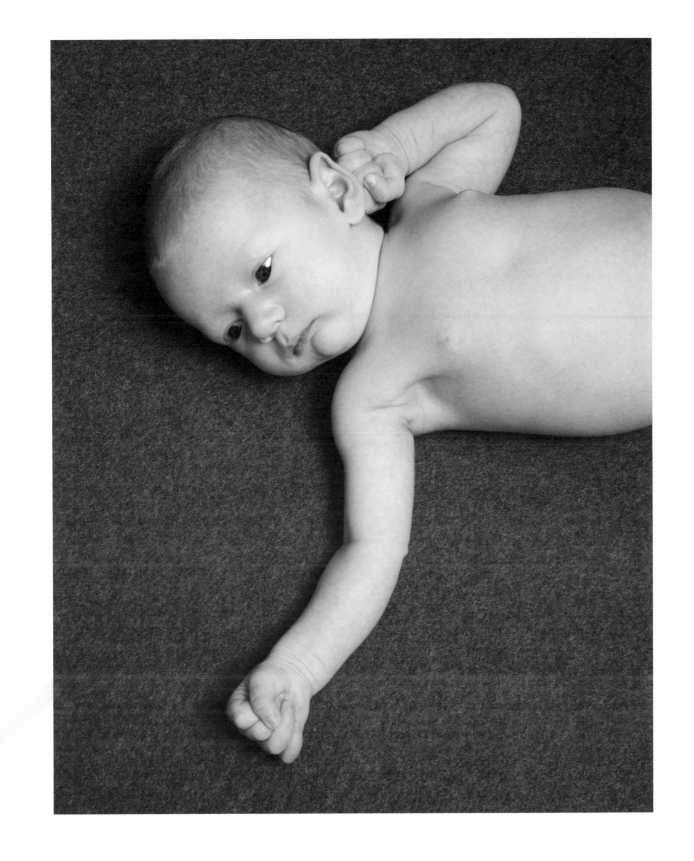

手到嘴

寶寶的手的動作乍看是胡亂揮舞、沒有目的，看不出掌控的跡象。但如果你仔細觀察，會發現這些動作並不真的是隨機出現的，也不是不由自主。事實上，寶寶使用手的方式似乎帶有目的。

這類行為當中最明顯的，莫過於寶寶把手或拳頭放進嘴巴的這個出奇本領，尤其是當寶寶肚子不餓的時候。寶寶的這個動作也許不流暢也不斯文，但是你不得不驚嘆他固執地硬是要把手往嘴裡放，還有他成功地把手或手指頭塞進嘴裡之後的心滿意足。

更了不起的是，當寶寶沮喪時，他也能夠把手塞進嘴裡，這通常發生在寶寶使勁協調揮舞的手和他的頭和嘴巴的動作，經歷長時間一連串的命中目標和功虧一簣之後。一旦成功把手塞進嘴巴，他開始吸吮手，這會幫助他平靜、穩定下來。這個行為被稱為非進食性吸吮，而且就跟吸母奶一樣，會一下子吸吮，一下子停頓，具有穩定的節奏。現在他能夠保持警醒，並且打量新環境。

從這個簡單卻又了不起的動作，寶寶要秀給你看他可是很有本事的，以及縱使出生不久，他那探索新世界的衝動有多麼重要。幸好你的寶寶是有備而來，新生兒可不是菜鳥呢。

睡夢中淺笑

在一開始，大多數的寶寶只有在睡覺時才會笑。這些淺淺的笑容在快速動眼睡眠特別常見，寶寶嘴角上揚，臉頰微微往上提。這類笑容被稱為睡夢中自發性的笑，因為通常是由寶寶的內在觸發的，不是外在因素引起的。

那麼，才出生一天的寶寶為什麼會笑呢？我們知道這不是社交性笑容，因為社交性笑容會牽動眼睛周圍的肌肉，而且只有在寶寶醒著、跟你有互動時才會出現。有些人把剛出生的這種睡夢中的笑稱為「放屁的笑」，認為是輕微的腸道不適引起的，所以沒有真實情緒上的意義。但我們何不認為睡夢中的可愛寶寶在笑是在表達愉悅和滿足呢？

她會不會在做夢？也許。我們知道成人會在活躍的睡眠階段也就是快速動眼期做夢，而新生兒的睡眠有五成都處在快速動眼期，幾乎是成人的兩倍。因此，你看見睡著的寶寶臉上有笑容，說不定她「看到了」某些影像，甚至很可能是你的臉孔，但我們真的無從得知。

有時候睡夢中的笑，看似是對你的嗓音或輕柔聲響，甚或時鐘或門鈴的短促敲鳴的回應，通常在聲響出現的十秒之後露出笑容。這些聲響很可能把寶寶的興奮程度拉高到某個門檻之上，而笑容是隨著放鬆而來的。

因此，縱使寶寶睡夢中一閃而逝的笑不是真正的社交性笑容，她正在告訴你她很滿足、很快樂，她在做她該做的事，而且不想被打擾。在出生的頭幾週之後，睡夢中淺笑的頻率會降低，而眼神明亮、張大嘴巴的社交性笑容愈來愈多。說不定她只是在睡覺時練習怎麼笑而已！

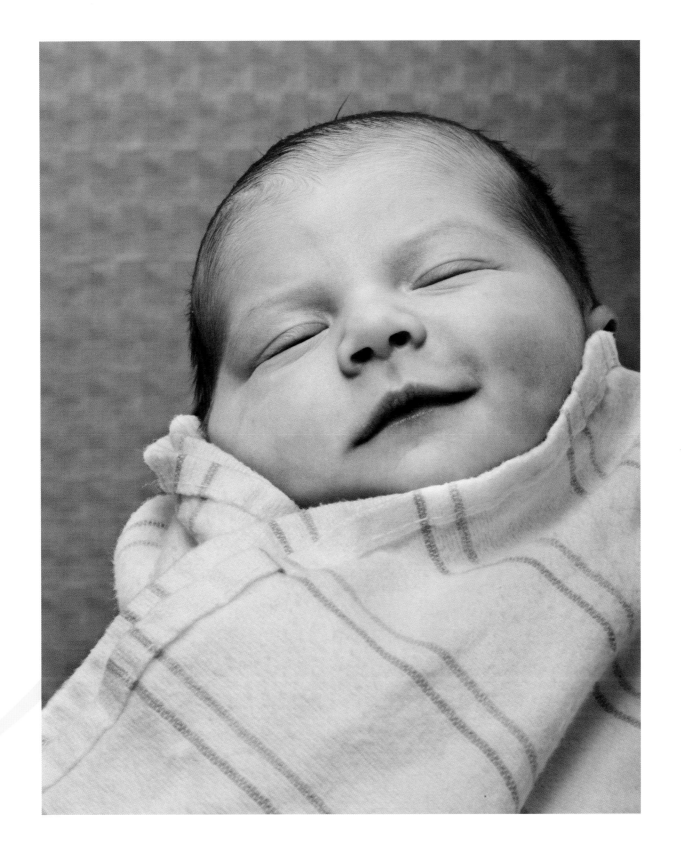

第一步

做爸媽的發現新生兒會踏步通常會很驚喜——甚至驚訝，儘管他們當然知道寶寶不是真的在走路。當你扶著寶寶讓他稍微往前傾，雙腿承載些許體重，然後輕輕地領著他向前移動，他會有節奏地交錯踏步。這個行為會在寶寶六至八週大時消失，大抵是因為寶寶的體重快速增加但肌力相對虛弱，所以很難保持直立的姿勢。

往後幾個月，如果你從腋下托起寶寶，讓他下半身浸泡在溫水裡，雙腿受浮力作用更容易抬起，他會再做出踏步的動作。在出生第一年的後期，當寶寶能夠獨力行走時，踏步反應會再度出現。

看到寶寶的行走反應我們會驚嘆，因為我們知道嬰兒受制於重力，出生好幾個月都沒辦法踏出獨立的第一步。我們為這個行為著迷，會不會是因為我們從行走這個動作當中瞥見了未來光景？我們突然可以想像寶寶將來的模樣——獨自站立、邁步，「把世界踩在腳底下」！

這早熟的踏步反應也暗示著寶寶身體發育的持續進展。往後十二個月，寶寶會從身體上幾乎徹底依賴的狀態，勢不可擋地轉向可以獨立移動、類似成人的運動發展。你有幸將會在這段旅程中扮演關鍵角色，在成長的道路上鼓勵、支持、支撐寶寶的每一步。

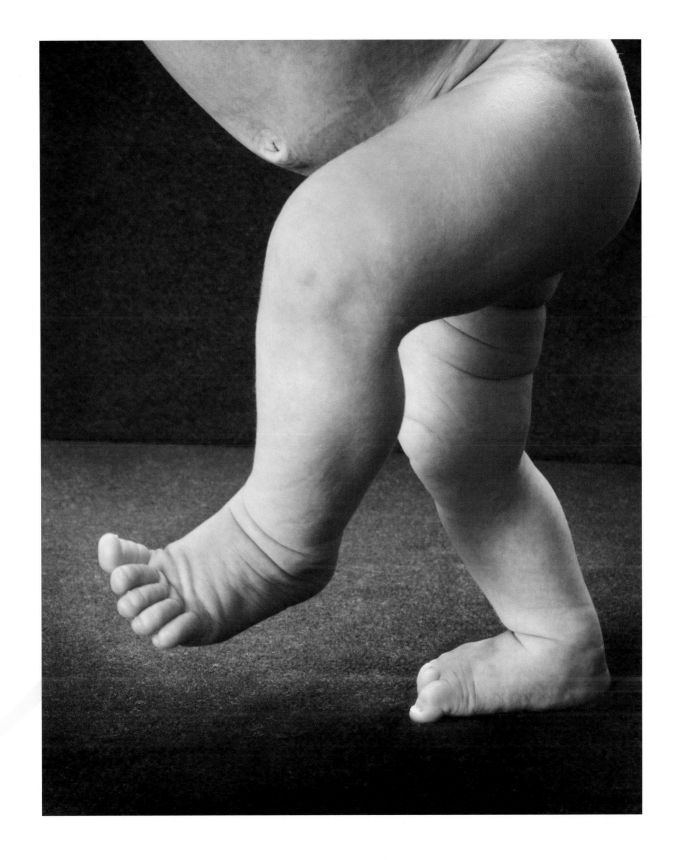

手

雖然新生兒嘴巴的感受力最強，但手的觸覺也非常敏銳。當你把手指放在寶寶的手掌心，她的手指會自動彎曲來握住你。手的抓握在出生的頭幾天也許不怎麼有力，而且在深層睡眠中不會出現，不過你會注意到，在淺眠階段以及寶寶醒來的警覺狀態，又會出現這種抓握反應。

我們都看過寶寶用看起來簡直是有目的的方式在使用手，也知道手的抓握不全然是自動或不由自主的。在寶寶出生的頭幾週，你會注意到她甚至能夠用手和嘴巴探索物體——用手撥弄或捏擠去認識物體。

寶寶抓握你手指的能耐，在你餵奶時或單純抱著她、摟著她時，起了重要的作用，讓她與你保持身體接觸。從一開始你就會察覺到她抓握的力道，你可以豎起手指讓寶寶握著，自然地把這個動作納為餵奶以及跟寶寶玩耍的慣常活動。讓寶寶抓握你的手指，也是安撫寶寶、讓她安心，或者在寶寶無法控制自己時遏制她手腳亂動的一種方式。

到了兩個月大，寶寶大多數時間都會張開手掌，到了三個月大左右，抓握反射就會被活躍的自主抓握所取代。寶寶會拍手、抓著毯子，或握住搖籃的欄杆。屆時，握著寶寶的手也會是更活絡的玩耍和餵奶交流的一部分，而玩耍和餵奶是你們倆關係的核心。

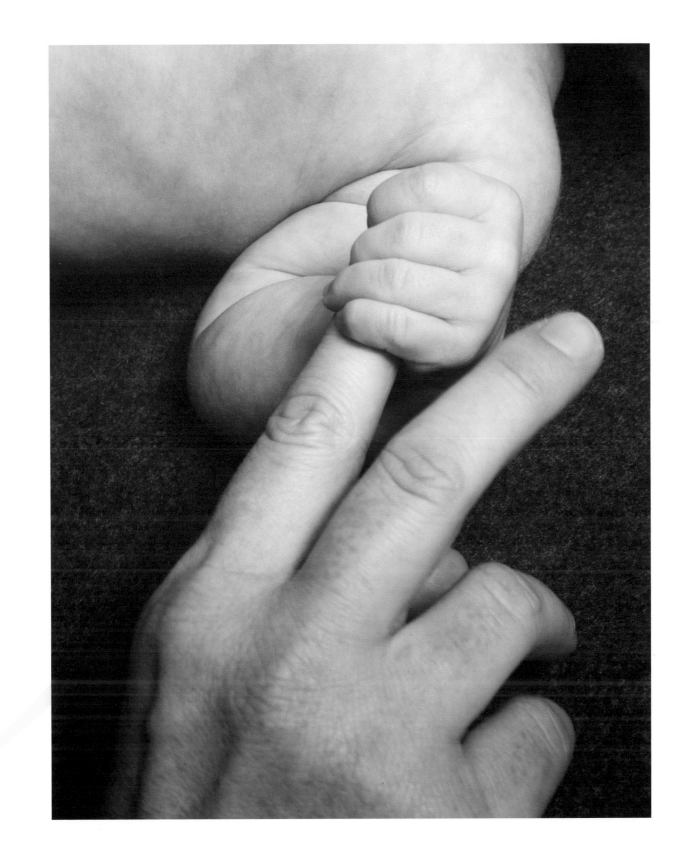

準伸手反射（Pre-reaching）

新生兒最初的動作往往看起來很笨拙又不協調。當她煩躁和大哭的時候更是如此。不過，當寶寶在安靜、警醒的狀態，她的動作就趨於流暢，甚至表現出某種模式和節奏。她可能先揮舞手和腳，接著慢下來，然後止住，也許在一、兩分鐘後重複這個過程。雖然新生兒缺乏足夠的手臂控制力，沒辦法流暢地伸手拿東西，但是即便在這早期階段，你會瞥見新生兒組織自身運動行為的能耐。

要再過好幾個月，你的寶寶的眼睛和手才會充分協調，能夠伸手抓握玩具。不過縱使在一開始，她只是靜靜注視著某個物體時，也會朝它伸出手臂，並用手去摸。你的寶寶甚至會隨著你的嗓音有節奏地擺動，並伸手碰觸你的臉，或是在吸奶時用協調的手和吸吮動作觸摸你的乳房。

真正的伸手動作一直要到寶寶四個月大才會出現，屆時寶寶會開始自主地伸手去拿某個物體，用更順暢的動作去獲取想要的東西。

寶寶的每個動作都有涵義。甚至她早期的手和手臂動作可能時而是有意的。遇到這種情況，她的用意是錯不了的 —— 就像她伸出手，用張開的小手心去摸你的臉時。

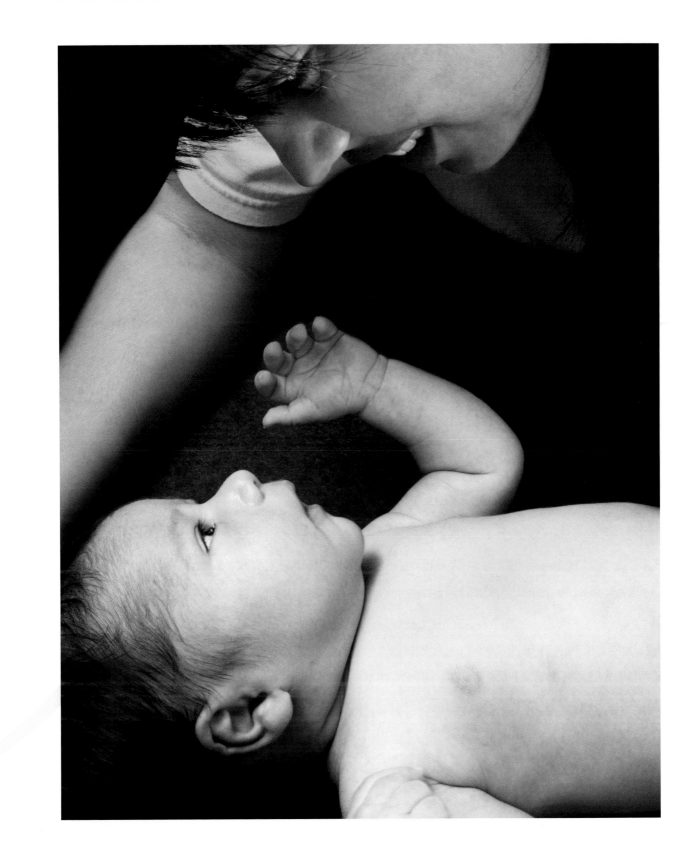

「發現了什麼」的微笑

四至八週大的寶寶開始會笑，不論哪個文化背景。即使出生就眼盲的寶寶，到了這個時間點也會用微笑來回應大人的觸摸或說話聲。不過在出生第一週到第三或第四週期間，寶寶在清醒時也會笑。這些最初始的微笑（通常被稱爲單純的笑）跟社交性笑容不同，但確實是寶寶受激發和認得什麼的眞實徵兆。

新生兒似乎特別注意人臉，所以你看見寶寶注視著你時露出她醒著時的頭一個笑容，就不足爲奇了。在這類的笑容裡，寶寶雙眼睜大，嘴巴張開，嘴角揚起，一見這表情，我們馬上認出是微笑。頭一個單純的笑通常是一系列動作的一環。

寶寶看著你的臉，接著一面皺眉一面盯著看。然後她的眉舒展了，同時臉上露出笑容，彷彿她這會兒認出你來了。這單純的笑也許不如社交性笑容持久，但它依然眞實表達出寶寶發現了什麼，而且享受其中。

寶寶最初的笑容意味著什麼？這些笑容可能是寶寶在解讀自己看到了什麼的過程感到緊繃使然。在這個階段，寶寶發育中的大腦皮層已慢慢形成你的臉的雛形，這會兒她正試著把眼前看到的這張臉，跟腦中那個模糊的雛形進行比對。進行這項任務要花力氣，這是她緊張的原因，但她成功比對出眼前的臉和腦中的雛形吻合，緊繃狀態降低，隨而放鬆下來，於是出現那一閃而逝的笑容。

這似乎是認出你的信號：「原來是你啊。」「現在我可認出你了，你那表情。」對你的寶寶來說，這是學習的神奇一刻。她的笑透露了愉悅和滿足。正是你的臉促發了這個學習過程，爲你和寶寶帶來了意味深邃的一刻。

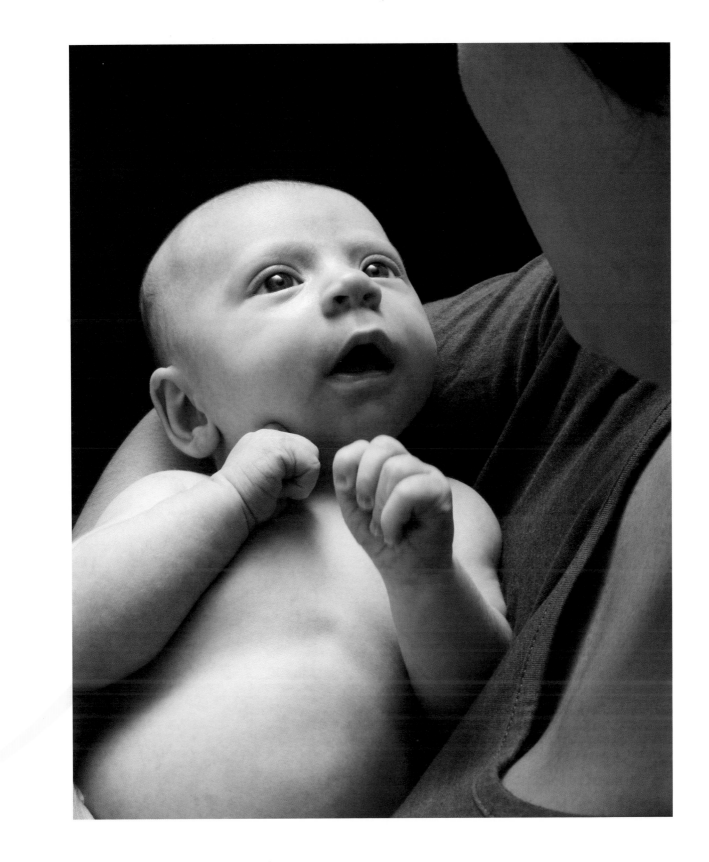

爬

寶寶將在九或十個月大時，準備好開始爬行。首先他必須掌控頭部和肩膀，接著掌控手臂，最後他必須增強腿部肌力，才能夠爬行，最終能夠行走。要等到腦部運動神經迴路發展成熟，骨骼、關節、韌帶強壯得足以支撐，並且帶勁地推動寶寶前往新奇世界的每個角落，自主的爬行才會真正出現。

但寶寶與生具有「爬行反應」，能促發手臂和腿部活動。胎兒在子宮內的活動已經開始強化肌肉，也讓運動神經迴路更精進。有些研究者認為，在分娩過程中爬行反應提供了胎兒一股助力，讓他在產程中使用腿來推進身體。更明顯的是，如果嬰兒一出生馬上被放在母親的肚子上，他會試圖爬向媽媽乳房去吸奶。

讓寶寶趴著，他會曲起手臂和腿，抬起頭，然後用膝蓋把自己往前推。由於爬行反應讓寶寶的肺部氣道不受壓迫，得以順暢呼吸，這個反應似乎也是一種保護機制，避免寶寶臉朝下趴著時窒息。

時下普遍讓寶寶仰睡，是因為這做法大幅減少嬰兒猝死症的發生。寶寶仰睡是最安全的。但總是讓嬰兒仰躺會侷限他們的活動；寶寶也需要偶爾趴著，讓他們彎曲手臂和腿。當寶寶醒著，而你也在一旁時，將寶寶翻身趴下，可以讓他練習這些運動技能。

即使在嬰兒發育的初始階段，你要學會如何細膩地拿捏，在確保寶寶安全的同時，讓他自由體驗新環境並建立自信和熟練感。讓寶寶仰睡，並且在寶寶醒來時在你陪伴下讓他趴著，既可以滿足寶寶對於安全和安穩的需求，也兼顧他對自由與探索的需要。

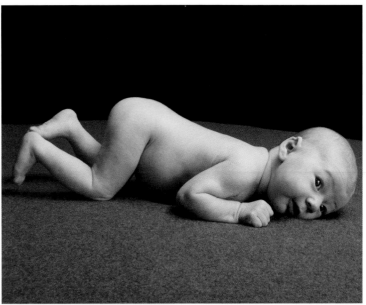

腳

你看著嬰兒時，總看著他的臉和上半身，留意他滿足或不舒服的跡象。不過如果你仔細觀察他的腿和腳，也同樣有很多發現。

用大拇指輕觸寶寶腳趾頭下方的腳底，你會看到他的腳趾頭像抓握動作那樣彎曲，跟你用手指輕觸他的掌心時，他的手指會自動圈住你手指一樣。

不過，有些時候，引發寶寶腳底抓握反應的是寶寶的另一隻腳，不是你的大拇指。

乍看之下，你會以為寶寶兩個腳掌交疊不過是碰巧。其實這不是隨機短暫的姿勢 —— 他往往會維持這個姿勢很長一段時間。你看見的是寶寶能夠調節自身行為的另一個了不起的例子。這樣的腳掌相碰或腳掌撐托，讓寶寶把一條腿當成界線，來抑制他腿部的胡亂移動，幫助自己留在放鬆狀態。

這是你的寶寶在剛出生幾週至幾個月，試著發展出對身體動作的掌控時，眾多的自我調節行為之一。腳掌相碰是美妙的可靠訊號，顯示寶寶很放鬆，而且有能耐調整自身的行為。

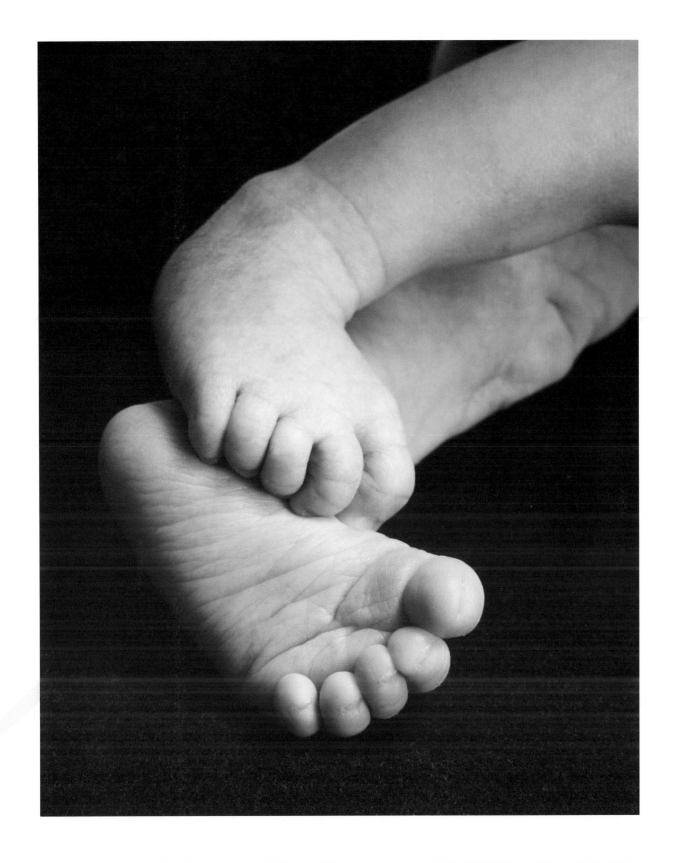

打哈欠的意義

你的寶寶在子宮內大約從十二週開始已經會伸懶腰、打哈欠。是什麼造成寶寶打哈欠？為什麼寶寶要打哈欠？跟我們其他人一樣，她打哈欠是為了保持清醒，抵擋睡意。她小小的身軀需要大量氧氣，而打哈欠為她的肺部提供額外的補給。

打哈欠這動作會輸送一種表面活性物質，這是一種凝膠狀的液體，會裹覆她小小肺部的微小氣泡，減少肺泡回縮力。寶寶需要足量的表面活性物質才能呼吸，在子宮外的環境存活。因此，新生兒打哈欠攸關存活。

在這張照片裡，打哈欠具有另一層更微妙的涵義。這哈欠是在寶寶和媽媽「說話」說到一半打的。寶寶並不是覺得無聊，也不是愛睏；打哈欠是她的身體語言，她在跟媽媽說，雖然很享受與媽媽的交流，但是這個交流變得太吃力了。打哈欠是「暫停一下」的信號。

你會發現，當你和寶寶四目相對，「彼此說說話」，寶寶會打哈欠。由於打哈欠會伴隨肌肉和關節的伸展和心跳加快，這等於是寶寶透過身體在說話，說她需要暫停一下，這樣才能恢復精力，之後再繼續跟你玩耍。透過張大嘴巴、閉上眼睛，她不再看著你，而你也看不到她的眼睛。藉著單純的轉過臉去，寶寶帶頭調整你們相處的時間，掌控與你交流的步調和節奏。

這些交流的時刻對寶寶和你來說充滿了愉悅，但是一來一往的交流和全神貫注地四目相對，對於寶寶發育中的大腦來說很費力。所以她用身體語言來溝通，譬如打哈欠，表達她需要脫離這種交流強度。從學習解讀和回應這類信號當中，你會更了解你的寶寶，這樣你們之間的連結就能持續增長與發展。

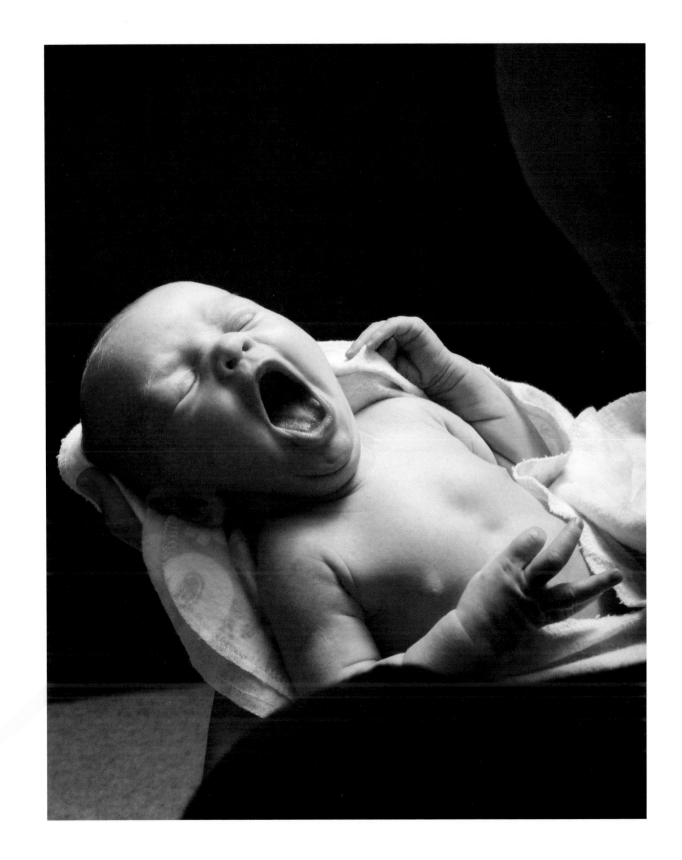

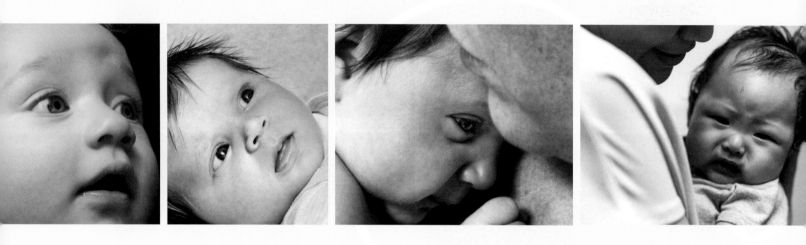

嬰兒的感官

對聲音的回應

不久前一般認為，甚至某些醫學圈深信，新生兒耳朵內的液體阻礙聽覺，至少在剛出生的那幾天是如此。不過當媽媽的懂更多，她們堅持寶寶一生下來不僅聽得到聲音，還認得媽媽的聲音。我們知道媽媽們向來是對的。

事實上，掌管聽覺的腦神經結構在胚胎初期已經發展，到了妊娠第三期尾聲，寶寶分辨全幅音頻的能力已差不多發展完成。確實，耳蝸掌管耳朵對於不同音頻的反應，而在寶寶出生時，耳蝸內的主要解剖構造基本上已經發展得和成人差不多了。

從寶寶出生起，你會看見他對新世界裡的聲音有反應。手搖鈴的輕柔聲響會讓他靜止不動，眼睛發亮。他會開始緩緩搜尋聲音的來源，直到找到源頭才會停下來。你會看見他的眼睛閃著「發現了什麼」的光彩。你的寶寶似乎天生就會探索環境裡的聲響。他與生俱來的好奇感促使他搜尋，而他聽到低頻聲音的完備聽力協助他達成目標。

比起轉向和找到聲源的能耐，更奇妙的是，新生兒具有察覺節奏性敲打的能力。也許是可預料的重複和持續性，節奏帶給新生兒一種可靠的聽覺氛圍。這可能就是搖籃曲的舒緩樂音，還有你的嗓音輕柔、熟悉的節奏可以安撫寶寶的原因。聽覺跟視覺、觸覺一樣，也是寶寶學習的主要管道之一，透過聽覺，他將體驗語言和音樂，這兩者是他目前和往後一生的智力及情緒發展的基本面向。

視覺探索

不久前人們一度認爲新生兒沒有視力或只能看到模糊的陰影。我們現在知道視覺的發展始於胚胎期第四週，眼睛構造初步成形之際。這意味著雖然你的寶寶沒有成人 1.0 的視力，但在近距離之內，她可以看得很清楚，而她感興趣的一切，幾乎都在近距離之內發生。她最能夠把焦點放在眼前以及 30 到 45 公分遠的東西。

儘管新生兒喜歡看人臉甚於物體，他們也看得見彩色和黑白圖樣，只要這些圖樣不會太小而且有大量對比。嬰兒的色彩視覺不如大人的豐富和敏感，但她可以分辨亮度相當的紅色物體和綠色物體。她喜歡鮮豔的色彩甚於粉柔的色彩，到了兩個月大，她的視網膜能夠形成清晰的影像。

照片中這個出生一天的女嬰正看著她從未看過的東西——一顆亮紅色的球。她微揚的眉毛和闔起的嘴巴在在表現出持續的視覺注意力和專注力。她似乎在理解眼前的東西！當球開始移動，她的眼球追蹤著紅球，專注地牢牢盯著它轉。她的呼吸慢下來，心跳也緩下來，這狀況顯示出正向的情緒激昂——專注狀態的特點。她持續追蹤著球，直到沒了興趣，這時她才把臉轉開。但她已經學到新東西，也因爲如此，在她生命的頭一天，她的腦部結構已經永遠改變了。

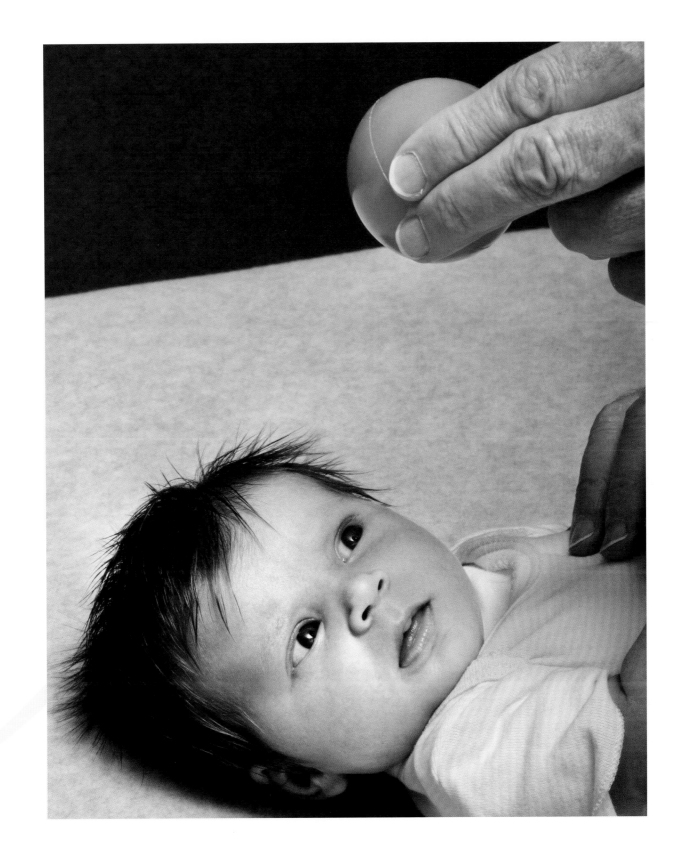

觸覺

新生兒透過眼睛、耳朵、鼻子、味蕾和觸覺體驗新世界，而觸覺是剛出生的嬰兒發展最完備的感官。這不足為奇，我們已經知道觸覺是胎兒最先發展的感官。感覺皮質是剛出生的嬰兒腦部最高度發展的區域，它讓嬰兒被觸摸時能夠有意識地知覺到。

按摩需要對全身輕柔撫觸，這也許就是為什麼嬰兒按摩可以促進寶寶的睡眠機制，降低皮質醇濃度（最主要的壓力賀爾蒙），幫助寶寶增加體重。皮膚與皮膚的接觸，有時又叫做「袋鼠式護理」，可幫助早產兒調節體溫，有助於增進整體體重的增加，也能提升媽媽與寶寶之間的正向交流。

由於新生兒對撫觸很敏感，他們會感覺到疼痛，尤其是因為皮膚接觸所導致的疼痛。事實上，受孕後二十六週左右的胎兒已具有痛覺的神經通路。在以前，人們以為新生兒不會真的感覺疼痛。但如果你看過寶寶被扎足跟採集血液樣本的反應，看到她臉部歪扭、聽到她尖聲大哭，你會了解寶寶對疼痛的反應有多麼強烈。抱在懷裡、輕撫、輕搖、貼著乳房、安慰、跟寶寶說話，都能降低寶寶的疼痛感，甚至能改變寶寶對於疼痛的整體敏感度。

你關愛的撫觸在你和寶寶的關係發展上扮演關鍵角色，因為透過撫觸，你可以傳達愛、同情和安全感。被抱在懷裡、被輕搖入睡、被輕拍或輕撫來降低不安，這些安慰的撫觸，對於寶寶的生理和情緒發展，無不具有正面的甚至關鍵的作用。

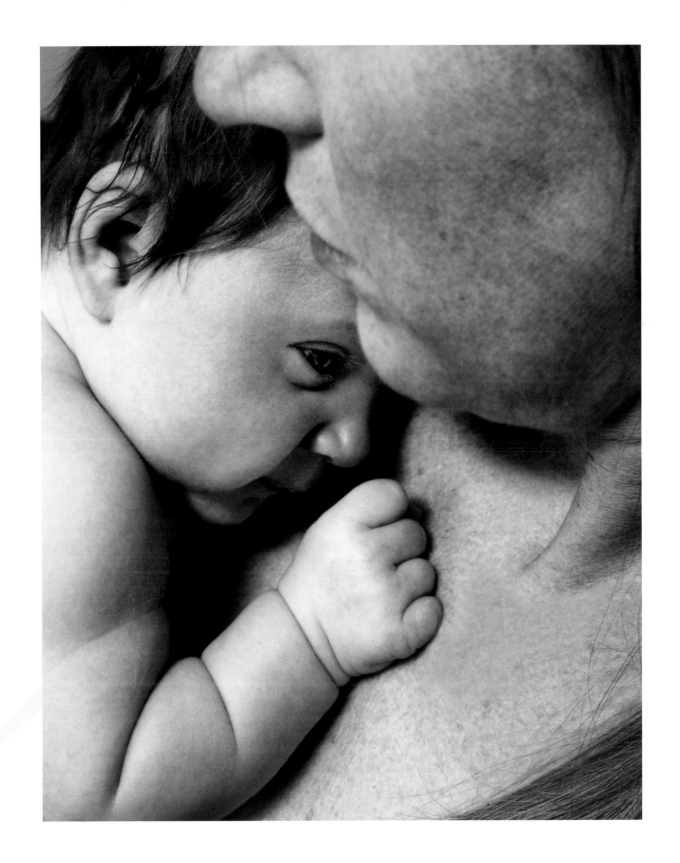

喜歡依偎

在懷孕期間，每個當爸媽的都會想像自己的寶寶是什麼模樣、有什麼舉動。幻想中的寶寶有水汪汪大眼，臉上有酒窩，結實光滑的身體有著細嫩肌膚——寶寶一被抱起，就馬上依靠在媽媽或爸爸柔軟的頸窩。

很多寶寶——也許你的也是——打從一出生就能放鬆地貼在你的臂彎裡，彷彿這是再自然不過的事，彷彿寶寶天生喜歡依偎。喜歡依偎的寶寶讓做爸媽的滿懷柔情蜜意。你很難不撫摸和探索寶寶的小小身軀，而這樣似乎更會增進寶寶的回應。

對爸爸和媽媽來說，撫摸寶寶和把寶寶抱在懷裡，會刺激內分泌系統分泌催產素，在爸媽心裡注滿疼愛憐惜，讓他們放鬆下來，把寶寶懷抱得更久。身體的接觸啟動了一個不斷強化的循環。催產素的上升增進了身體接觸的量，反過來又釋放更多的催產素。

這個嬰兒和雙親之間的回饋系統也許是催產素通常又被稱爲「連結的荷爾蒙」或「愛的荷爾蒙」的原因。

不太喜歡依偎的嬰兒

不是所有的嬰兒都喜歡依偎。他們小小的身體天生僵硬，對撫觸也過度敏感，以至於當爸媽要把他們抱進懷裡時，他們會退卻。他們不會依偎在爸媽柔軟的頸窩裡，反而抗拒被抱或被撫摸，簡直像是在拒絕爸媽。

至少爸媽會這樣想。對於很多爸媽來說，夢想中那個會本能地依偎在懷中的寶寶可能永遠不會出現——至少不是透過他們幻想中的方式出現。這對每個新手父母來說都是一個打擊，因為所有準父母都會想像著自己的無助小寶寶一生下來就會回應他們每一個疼愛呵護的舉動。爸媽可能會認為寶寶實際上是要把他們推開，甚或認為寶寶不愛他們。

如果你的寶寶是這種反應，得知很多新生兒不喜歡依偎，你也許會寬慰不少。這可能單純只是寶寶的生理構造或天生氣質使然；並沒有證據顯示這代表寶寶在拒絕父母。寶寶的作風跟她對你的感覺不相干，當然也不是你的照顧方式造成的。記住這一點也很重要：不太喜歡依偎的嬰兒學習和發展能力跟喜歡依偎的嬰兒一樣好。

所以，假使你的寶寶天生不喜歡依偎在你懷裡，假使不管你怎麼摟她、抱她，她的身體都很僵硬、緊繃，你必須認清，她就是這個樣子。隨著時間過去，她可能會改變，也可能不會改變。但是她會用跟依偎一樣可靠而令人滿足的其他方式回應你。

你會發現，舉例來說，當寶寶被直立抱著，可以從你的肩膀往外看，用眼睛探索周遭環境，是她最舒服的狀態。久而久之，你也會發現適合她的性情與作風的身體接觸方式。但首先你要放下你夢想中的「夢幻寶寶」，接納和享受寶寶本身的獨特個性。

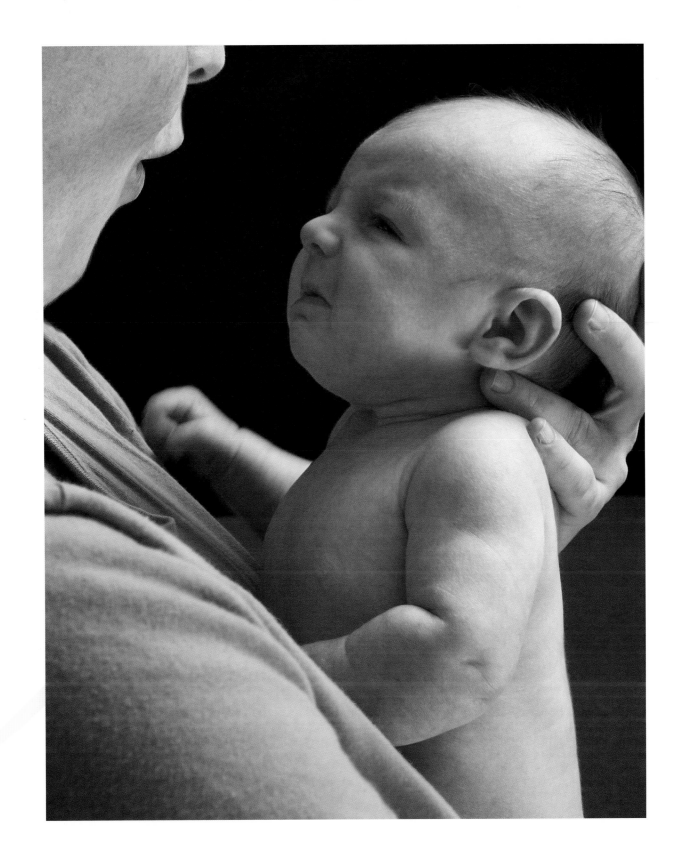

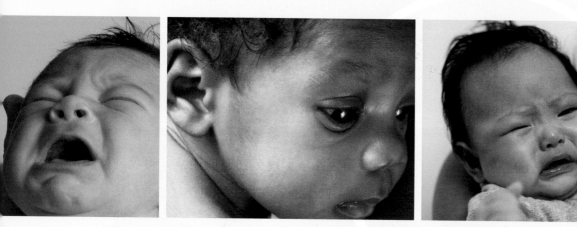

適應

驚嚇

寶寶都會受驚嚇。不過新手父母看到小小的身體有這麼大的反應——突然把手伸長，背拱起來，手和腿伸得僵直，手指緊縮——都會很震驚。寶寶的眼神好似很恐慌，彷彿他感覺到身體失去支撐，正在往下墜落。他似乎狂亂地想用手抓住什麼來保護自己。

驚嚇反應甚至在妊娠初期就已經出現，胎兒會用全身的劇烈動作來回應巨大聲響。到了最後的第三孕期，舉例來說，臥床的媽媽突然變換姿勢，也會觸發胎兒的驚嚇反應。有個說法指出，新生兒經常受到驚嚇，是因為嬰兒原先習慣於羊水那種比較有緩衝性的保護。

當寶寶的感官接收過多訊息，也會爆發出驚嚇反應。明亮的閃光、巨大的噪音、突然被觸摸，或擾亂寶寶內在平衡的任何突如其來的刺激，像是突然改變他的姿勢或讓他傾斜，也會激發驚嚇反應。你會多次看到這種反應，因為居家環境裡難免會有巨大聲響和意外情況。但是有些寶寶就是比別人敏感，所以更容易受驚嚇。如果你的寶寶屬於格外敏感的那種，最好要避開有噪音或燈光太亮的地方，以及其他會嚇到寶寶的狀況。

話說回來，驚嚇反應看起來像承受很大的精神壓力，但它實際上是寶寶的中央神經系統已經發展成熟的信號，因此也是寶寶健康的徵象。況且，儘管寶寶受到驚嚇，這驚嚇來得快去得也快。他隨即停止哭嚎，手也不再僵直，然後回復到照片中我們看到的放鬆的擊劍姿勢。這會兒他已經完全回神。

然而，所有寶寶——尤其是受驚嚇的門檻很低的寶寶——在受到大驚嚇之後都喜歡被抱在懷裡安撫。你會發現，頭一次看到寶寶受驚嚇，你自己一時之間也會恐慌，但隨後又看到寶寶沒有你想像中的「容易崩潰」，你也會鬆了口氣。

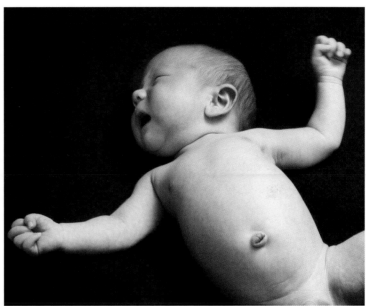
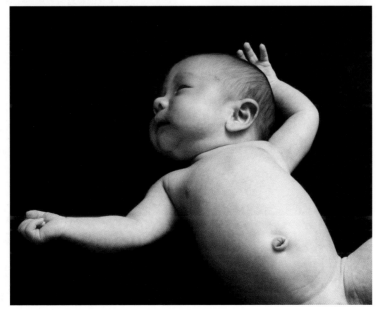

睏意

照片中的寶寶處在半睡半醒之間的真空地帶。她半張半闔的眼皮下垂,整個表情看來茫然渙散。她似乎沒有特別在看什麼。如果她真的張開眼,也不過幾秒鐘而已。這個寶寶顯然處在過渡狀態,彷彿還沒決定好是要出來看看吸引人的新世界,還是繼續待在安安穩穩的可靠狀態,舒舒服服地睡覺。如果你的寶寶處在這種狀態,她正在告訴你,等待她發出下一個訊號。她是在說:「給我一點時間,我得完全清醒,才能夠好好享受喝奶和盯著你看。」

有些寶寶的行為模式打從一開始就很明確而可以預料,但有很多寶寶需要一些時間發展出穩固的睡—醒模式。你最能幫助寶寶達到這目標的方法,是尊重她的努力,當她處在這種過渡狀態時,別去打擾她——即便你真的很想把她叫醒來餵奶或玩耍。爸媽通常很難克制住把寶寶叫醒的衝動,不過請切記,發展出她自己的睡—醒模式是寶寶最重要的任務之一。那睡—醒模式和你對寶寶的回應方式一樣,取決於寶寶本身的性情和生理狀態。

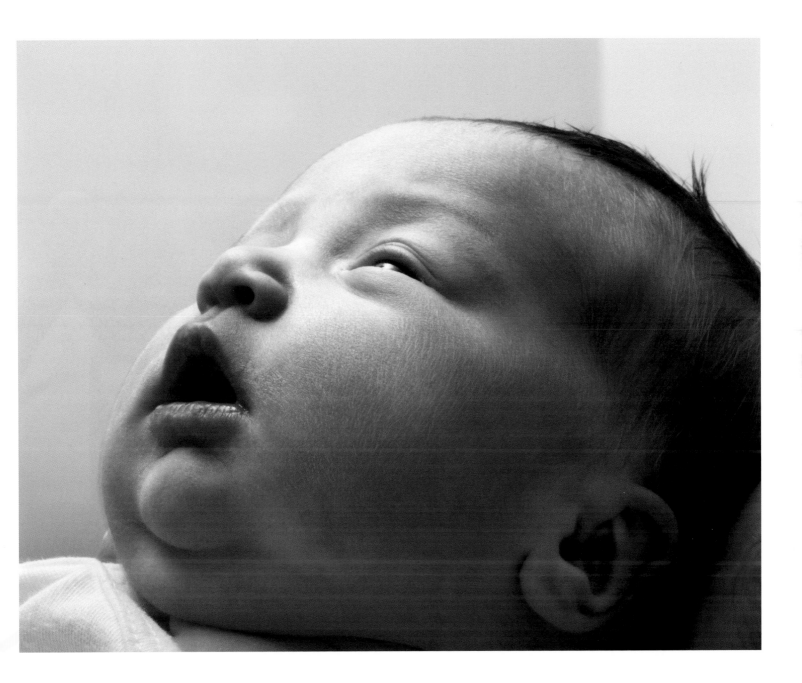

刺激過度

寶寶受到過度刺激的表情，你乍看會誤認為他有強烈興趣，甚至驚喜，但稍微撇過頭、高挑的眉毛和睜大的眼睛，卻傳遞出不一樣的訊息。當寶寶有這種表情，就是他受到過度刺激的信號，他正努力集中精神在做他的事。這種情況發生在寶寶努力理解某個過度亢奮的經驗，譬如閃爍不停又嗶嗶響的玩具，甚或太過嘈雜的面對面交流。

當刺激變得過於侵擾或太耗神，寶寶會沒辦法擺脫它或沒辦法保護自己。照片中這個寶寶睜大眼睛，是他與母親面對面的交流太過激烈的反應。儘管寶寶如何回應和適應刺激的個別差異很大，但刺激過多會讓寶寶吃不消和精疲力盡，威脅到他維持穩定的社會互動的能力。

嬰兒從剛出生到三個月大這期間，最喜歡跟你進行面對面的互動。因此當寶寶在跟你玩耍時表現出苦惱的樣子，會讓你很驚訝。寶寶可能會睜大眼直愣愣看著你，或者撇過頭去移開目光，好似迴避你。這兩種反應都是寶寶感受到過度刺激時，不會講話的寶寶透過肢體行為拋出的微妙線索。在這種時候，寶寶需要你保護他，降低他所處環境裡的資訊和刺激的強度與數量。

寶寶發出的每個訊號和行為線索都具有溝通價值，每一個訊號線索都能幫助你了解他的行為。剛出生的頭幾週和幾個月，你和寶寶有很多機會相處，可以一同找到符合你們雙方個人風格與性情的互動模式和節奏。這將使你們的交流獨一無二。

不舒服的徵兆

寶寶顯然很有興趣探索子宮外的新環境——但他們能夠承受和享受的刺激量是有限度的。寶寶在適應各類刺激的能力上差異很大。有些寶寶能夠忍受高度刺激，甚至刺激愈多，玩得愈起勁；另一些寶寶則忍受力較低，就是需要暫停與環境互動，休息一下，才能再繼續。也有一些寶寶在面對持續的刺激時很容易吃不消，甚至變得精疲力盡。

寶寶總有顯現不舒服徵兆的時候。如果寶寶膚色變蒼白、黯淡、紅通通，或出現斑點痕跡，就是有壓力的明顯跡象。呼吸急促也是有壓力的徵兆，代表你的寶寶需要你幫忙調節他的行為。你會感覺到寶寶全身突然變得僵硬，手指張開或握拳，腿硬挺挺伸直。驚嚇、抽搐、顫抖也是錯不了的壓力徵兆，噎到、嘔吐、咳嗽、嘆氣、打噴嚏、打嗝和打哈欠等等也是在展現這樣的信號，告訴你他苦惱、吃不消，甚至筋疲力盡。你會發現更隱微的行為線索，譬如皺眉、蹙額、做怪臉、伸舌。有些寶寶回應刺激過度的方式是變得沒精神——某種程度的關機。右方照片中的寶寶眼神轉為呆滯，不太愛動，身體變得無力而軟塌。

這些跡象是用來吸引你的注意。起初你會錯過很多這類跡象，但隨著你愈來愈了解你的寶寶，學會看出他不舒服的跡象並給出回應，你就能幫他發展出對環境的掌控力。這類個別化的支持能夠讓你的寶寶因應他的新世界裡常有的難以預料、過度刺激、不確定的事件。

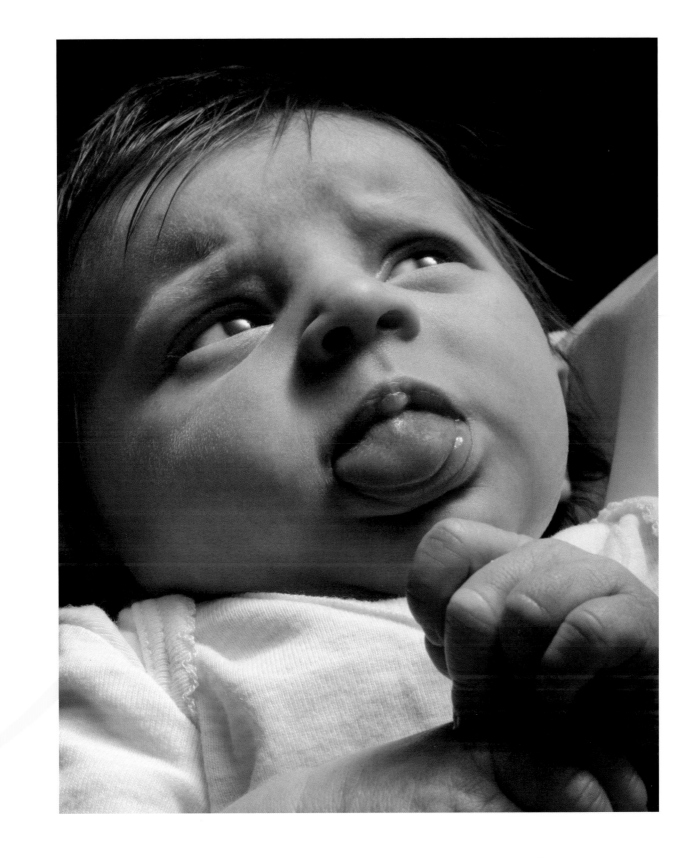

容易被安撫的程度

大多數的寶寶在哭的時候都需要人安撫。有些寶寶只要重新調整一下姿勢,或吸吮自己的手,就能靠自己鎮定下來。但大部分的寶寶都需要被安撫才行。沉穩、憐愛的嗓音或輕柔的搖籃曲、撫摸寶寶的手臂、輕輕搖晃寶寶、把寶寶舒適地攬在你臂彎裡輕拍——這些技巧都能夠幫助寶寶恢復平靜。

然而有些寶寶很難安撫,這些典型的做法似乎都不管用。不論你的寶寶容易安撫還是很難安撫,在寶寶出生的頭幾天和頭幾週,你會花很多心力在尋找最適合你的寶寶的性情與風格的安撫策略。

在很多文化裡,當媽媽的一聽到寶寶哭,就會用餵奶來安撫他。這是很自然的反應,因為當妳聽到寶寶哭,湧向乳房的血流量會增加,激起妳哺乳的生理衝動。餵奶的動作本身會導致泌乳激素大量分泌,這種賀爾蒙會使得乳汁流洩,連同催產素的釋放,會讓妳和寶寶雙方都感到放鬆和愉悅。

所幸,在尋找最有效的安撫技巧的過程中,寶寶是你的嚮導。他會告訴你什麼方法最有效,不管是餵奶、跟他說話、攬在懷裡或輕輕搖晃、抱著他走動或讓他靠在肩膀上。不過,了解寶寶為什麼哭,更容易找到管用的安撫技巧。肚子餓的哭和疼痛的哭,所需的回應大不相同。

從看懂刺激超載和刺激過度的初期警訊來預判寶寶哭的原因,就能縮短寶寶哭的時間。不管哭的原因為何,用溫暖一致的方式來回應寶寶的哭泣,能夠建立寶寶的信賴感和自我感。從這些微小的、寶寶不會記得的愛的舉動裡,寶寶會深刻感受到自己是安全的、是被愛的。

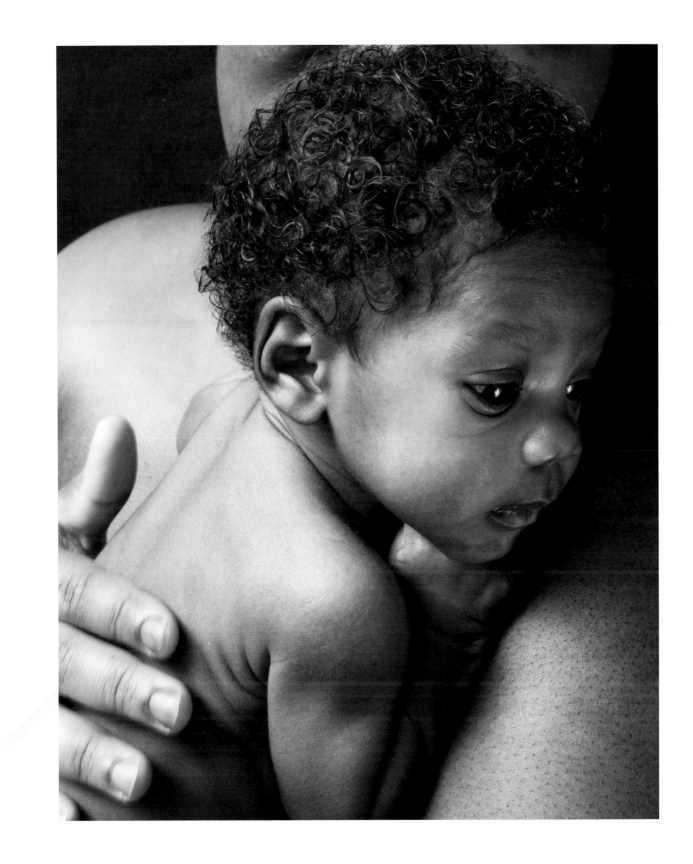

難以被安撫的寶寶

照顧經常嚎啕大哭的寶寶會讓人壓力很大。很多父母親對於寶寶持續的、有時無法安撫的哭嚎，會感到沮喪，甚至吃不消。他們發現，常用的安撫技巧沒一個行得通。寶寶持續而過度的哭嚎也會造成家人的精神緊繃，而且會影響家人之間的對待方式。

寶寶在沒有明顯原因的情況下持續哭泣，這在每個文化裡都會發生，也讓人格外有壓力，因為要找到原因很難，要安撫寶寶也難。雖然難以安撫的哭嚎原因尚未被充分了解，它可能是身體上一時的狀況、胃腸的狀況或環境的狀況，導致寶寶不舒服或疼痛。也可能是你的寶寶的性情極端敏感。記住這一點很有幫助，剛出生幾個月的寶寶過度哭嚎通常是短暫現象，對於他將來的適應沒有影響。

縱使爸媽悉心照料和愛護，寶寶也可能長時間哭鬧，難以被安撫。為寶寶找到最有效的安撫策略要花很多心力和時間。你可以請小兒科醫師做檢查，確認寶寶整體上健康無虞，自己也會比較放心。對你來說幫助最大的是他人的支持，甚至找人接手照料寶寶，讓自己稍作休息。有經驗的爸媽會跟你保證說，寶寶難以被安撫的哭嚎很快就會大幅減少，然後你和寶寶就能再次一同玩耍和交流。

喜歡互動的新生兒

注視你的眼睛

即便小嬰兒還不會說話，他們的大腦機制已經分化得相當精細，能夠接收非語言的信號。你的寶寶具有很了不起的本領，能夠回應你的表情，並且投入面對面、四目相對的交流──縱使時間很短暫──甚至在剛出生頭幾天或頭幾週就表現出來。彷彿嬰兒天生具有與他人連結的能力，而且非得和他們的照顧者建立連結才會滿意。沒有哪個爸媽忘得了剛出生的寶寶頭一次凝視他們的眼睛，而且似乎認出他們來的那一刻。

有時候是寶寶啟動了目光的接觸。他會用各種策略來吸引你的目光──在搖籃裡短暫鬧一下脾氣，或者吸奶時暫停一下。起初，這些一閃而逝的情感表達很短暫，不超過一秒鐘，不過一旦你捕捉到一次，你知道你所看著的正是一個有人性的寶寶，一個你現在可以開始認識的個體。

隨著你的寶寶成長、發展，這類一時片刻的機會愈來愈多，時間也拉得愈長。你會興奮地發現，當寶寶直視你雙眼，他的表情顯示著情感的投入。那表情比他注視一輛車，甚至是他很感興趣的一輛車，還要更投入、更期盼著什麼。你會看到他慢慢瞇起眼睛專注看著你，嘴巴微張，嘴唇噘起，在在顯示出他正處於高度喚起的狀態。你的寶寶正在傳遞很重要的訊息──他在這裡，準備好要面對面跟你一同玩耍，你就是他社交世界的核心。

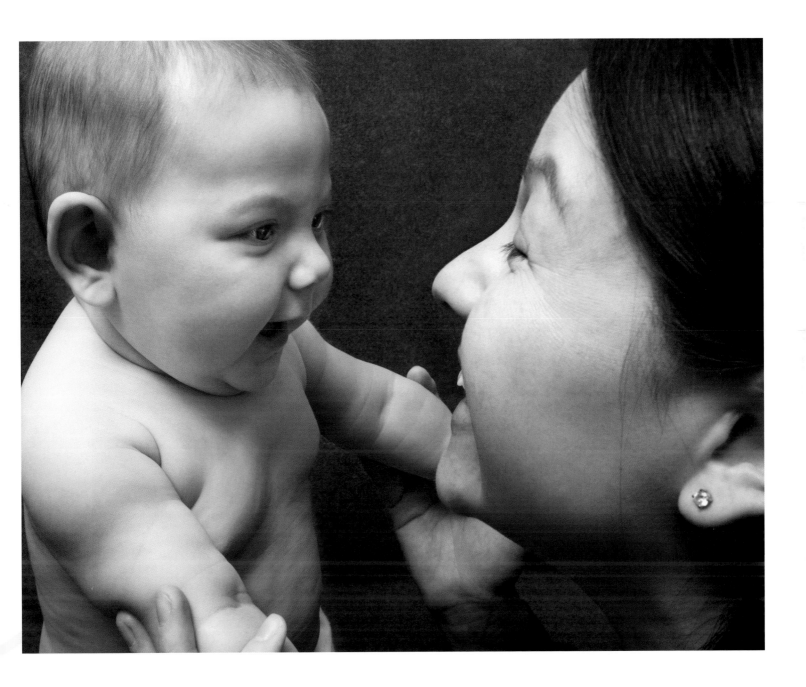

吸奶與交流

對於妳和寶寶來說,吸奶是極其親密又歡愉的時光。這是寶寶體驗到的最高層次的觸覺刺激。她躺在妳的臂彎裡,妳感覺到吸吮動作的強烈節奏傳遍妳全身。妳甚至看到寶寶的耳朵隨著吸吮而顫動,她熱切地要完成這個任務。她的手也許摸著妳的肌膚,或者握著妳的手指——維持她吸奶姿勢的完美錨定。

如果妳用奶瓶餵奶,妳也可以享受這種肌膚之親,這會促使大腦釋放催產素,強化妳和寶寶之間的情感聯繫。

媽媽和吸奶的寶寶緊挨在一起的姿勢恰好可以促進妳們的互動。從寶寶靠在妳乳房的位置到妳眼睛之間的距離,對新生兒來說是最理想的目視範圍——天生自然的完美同步。

妳會看到,寶寶很帶勁地吸吮一陣子之後,會暫停一下,抬起眼來看看妳,接著再回頭繼續吸奶。在這剎那的停頓之中——不折不扣的微時刻(micro-moments)——寶寶和媽媽之間交流著轉瞬即逝的深邃情意。這類溝通的線索清晰又直接。妳的寶寶正在接收生存所需的營養,同時沐浴在妳給出的關愛和安全感中,這對寶寶的身體發育和情緒發展同等重要。

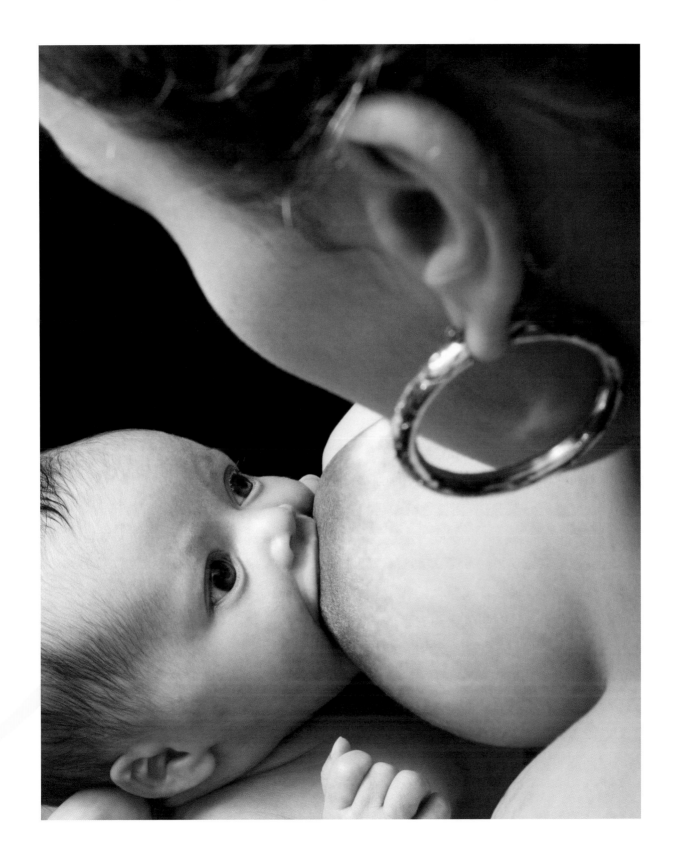

嗓音的力量

妳也許會認為子宮內是很安靜的，但外在聲音確實會傳到胎兒耳裡——例如音樂，以及特別是媽媽聲音的高頻語調。我們知道，胎兒會聽見、回應外界的說話聲，因為我們觀察到，此時胎兒的心跳會慢下來——這是感興趣和集中注意力的跡象。

寶寶一生下來，已經很習慣媽媽說話的聲音，尤其是他能夠區分媽媽和陌生人的聲音。不久後，寶寶甚至能分辨某些聲音型態的不同，譬如「巴」和「嘎」不同，「媽」和「拿」不同，甚至「馬—麻」和「媽—嬤」不同。

新生兒偏好爸媽的聲音勝過其他人聲。把寶寶抱在離妳的臉大約 25 到 45 公分的距離，跟她輕聲說話，對她是最理想的刺激。這是你們倆開始互動和溝通的最完美方式。妳的寶寶顯然聽不懂妳的話，但她會察覺出，妳的說話腔調和節奏的整體型態與其他人的不一樣。妳嗓音裡流露的溫柔慈愛吸引她、迷住了她。這是她會牢牢記住的聲音。

當妳注視寶寶的眼睛，開始對她說話，妳會發現自己自然而然採取一種特殊的說話風格。妳的音調會自然上揚，聲線會拉長五至十五秒不等。這種說話放慢、聲調變高、更具抑揚頓挫與重複性的「媽媽語」，更能讓妳贏得寶寶的注意，讓她了解妳的情感意向。儘管在促進親子互動和建立雙方聯繫上，目光接觸扮演重要角色，不過，寶寶剛出生那段時間，親子之間要達到最充分的溝通，還是要靠寶寶的聽覺。

模仿

神奇的是，寶寶會模仿你的表情。當我們考慮到模仿本身所涉及的一切，這簡直教人難以置信。你的寶寶不僅能看見你的臉，他還必須把眼睛看到的和腦中內置的自己的臉進行比對，然後使用這個比對來產生相同的表情——而他當然是看不到自己的表情。

你的寶寶主要是靠觀察來學習，但他也靠模仿來學習和認識自己的生理世界和人們的心理世界。如果你是新手父母，寶寶的模仿會讓你們之間的互動更形熱絡。

但是模仿的出現，必須具備所有條件：你的寶寶必須處在安靜清醒的狀態，沒有肚子餓也不疲累，而且你們雙方要面對面。他可能從模仿你的表情開始，接著自發地產生另一個表情，彷彿他料到你的反應，也預判了這次互動會如何展開。

在寶寶的十八般本領裡，模仿的能耐是很強大的學習工具，同時也是面對面溝通的親密形式。儘管這能力早在寶寶會開口說話之前就已經發展出來，它是一來一回的交談這個人類互動核心的開端。

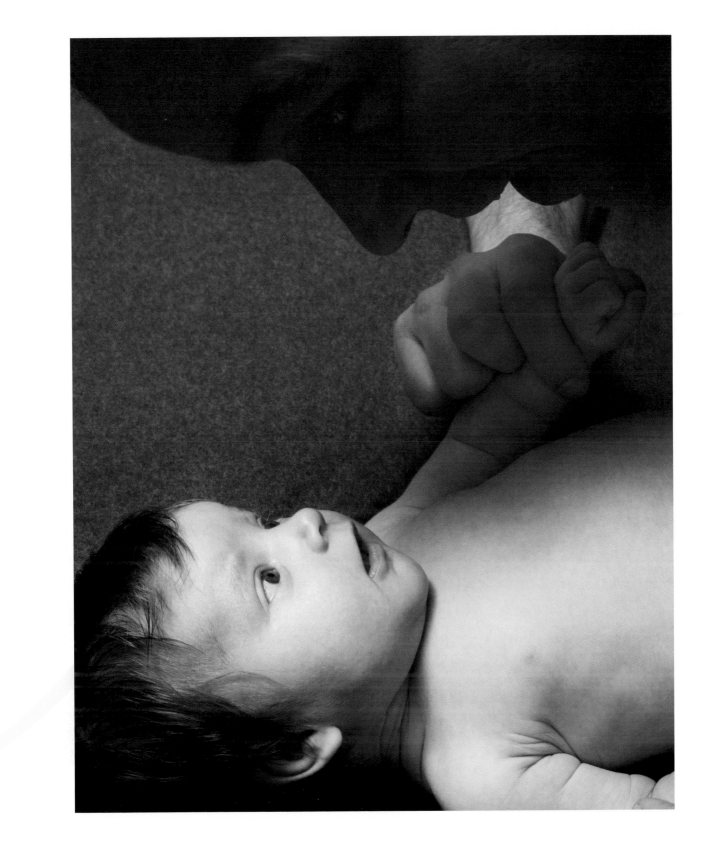

學習

身為成人，我們在體驗新奇或驚人的事物時，會鮮明地察覺到它。我們的注意力非常集中，彷彿把聚光燈投射在某物體或某場景。當我們在探究它的特色時，不太會意識到周遭正發生什麼事。我們會盡量吸收所有資訊，直到興趣減弱。當這種情況發生，我們的大腦會產生與注意力有關的特有電流波形——腦波。新生兒也做同樣的事，而且他大部分的時間都在進行，因為他的世界裡的一切都非常新奇。

寶寶的求知欲似乎是自動自發又源源不息的。數不清又錯綜複雜的交互作用正在他的腦內發生，因為寶寶從你以及周遭世界經驗到很多。

在剛出生的頭幾週和幾個月，你的寶寶已經慢慢認得你臉部的輪廓，認得你嗓音的抑揚頓挫與節奏。他把乳房和吸奶的愉悅連結在一起，很可能也已經把爸爸的手和嗓音跟玩耍的興奮連結在一起。他把某些氣味和觸摸與安慰和安全感連結起來，當他聽到手足熟悉的高頻嗓音，也能夠區分出這和其他聲音不同。你的寶寶試著把某些形狀和結構，某種恆常的東西，納入他的世界裡，好讓他在日常經驗的汪洋大海裡下錨穩住自身。

我們知道寶寶的大腦是由早期經驗的品質所形塑的，但我們也知道，縱使寶寶獨獨仰賴你，這時候你也不須正式教他任何事。你的寶寶純粹從觀察你以及留意周遭世界新奇難料的一切來學習。不過，他能夠學習，就是因為他可以仰賴你保護他並且滿足他所有需求。不管他是睡是醒，開心不開心，正因為你的關照呵護始終如一和可靠，讓他能夠吸收所需的一切訊息來理解他的世界。愛讓學習變得可能，繼而學習自有其動力。父母親純粹是編舞的人。

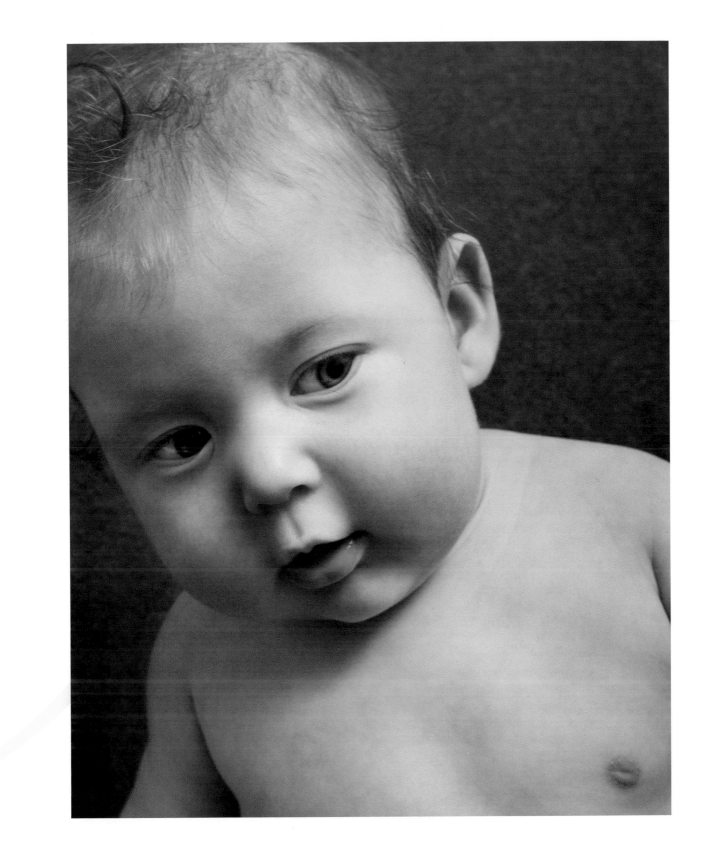

氣質

每個新生兒都是獨特的，各有各的一套行為清單——即使照片中的這對雙胞胎嬰兒也一樣。隨著他們發育成長，其氣質和個性的差異會愈來愈清晰，但即便在目前，他們的活動方式和活動量也有明顯差異。根據他們父母的說法，一個沉著而「隨和」，即便他的孿生手足當著他的面經常獲得關注；另一個似乎經常「動來動去」，表現高度的自發性活動。

你的寶寶也許天生文靜，可以長時間靜止不動。他手腳的活動也許和緩而放鬆，即便身上鬆鬆地蓋著毯子，吸奶的時候保持安安靜靜的也沒什麼困難。或者你的寶寶比較好動，需要偶爾幫忙一下才能鎮定下來，但可能不需要一直被裹在褓褓中。

但有些寶寶簡直總是動個不停，也許你的寶寶也是其中一個。這些寶寶似乎陶醉在臉孔和嗓音不斷變化的新世界所帶來的亢奮裡。這當然會使得睡眠和餵奶變得困難，對寶寶和做父母的都是如此。好動的寶寶在沒喝奶的時候，躺著時可能會一直動來動去，一旦沒辦法讓自己安定下來就會沮喪。

如果你的寶寶表現出如此旺盛的活動力，他的身體動作正在告訴你，他需要你幫忙他鎮定下來。給他所需的某些約束、身體接觸和安全感，可以讓他安靜警醒一陣子，這樣你們雙方才能享受餵奶和玩耍的過程。你會發現，把他放在搖籃裡，裹在被褓內，讓他身體周圍受到框限，可以抑止他手腳的活動。當他準備好要喝奶或跟你互動時，可能也需要被裹著褓褓和牢牢抱著。

大多數的寶寶介於這兩個極端之間，時而活動，時而安靜。所有嬰兒在出生後幾個月都需要發展出對自身動作行為的控制力，從機警地敏察出寶寶的獨特風格，你可以給他最深刻的支持。

社交性笑容

身為大人，我們知道讀懂他人的表情，可以了解對方的感受以及對方是怎麼樣的人。讀懂寶寶的表情也是一樣的道理。寶寶的臉部表情和肢體表達是你洞察她的感受和個性——她的內在世界——的窗口。她的每個表情都點點滴滴對你透露著，眼下對她來說什麼最重要、什麼會令她開心或不開心。但是寶寶在一個月至兩個月大時出現的社交性笑容會讓你格外激動，因為這個特別的笑容告訴了你，寶寶對你的感覺。

就在你的寶寶頭一次露出單純笑容之後，一種本質上的改變發生了，預示著真正的社交性笑容的開端。當寶寶首次露出社交性笑容，最可能是在面對面玩耍時，你會一眼就認出來。寶寶這樣的開口笑時，眼睛會稍微瞇起，眼神專注，甚至還會伴隨著咿咿呀呀像說話一般的聲音，明顯是針對你來的。這是充滿感情的笑容，你會覺得這是一種信號，顯示你滿心的歡愉與愛意得到了回報——因為事實正是如此。

看到寶寶最初的這些社交性笑容，你馬上知道你和寶寶的關係已經轉變了。這笑容深入你們倆的心。

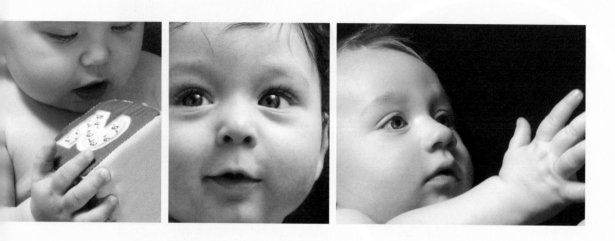

成長中的嬰兒，
擴展中的世界

伸手

寶寶看到的一切都很新奇、有趣，他自然而然會伸手去摸看看。他看到感興趣的東西時，雙眼睜大、發亮；他會挑起眉毛，張開嘴巴，下巴往下掉──全都是興趣盎然和專注的跡象。出生後的頭幾個月，寶寶會用視覺探索視力範圍之內吸引他目光的所有東西。他甚至會張開手像是要抓某個東西似地，表現像是準伸手的行為。

然而，在四個月大左右，寶寶伸手的本領歷經劇烈改變。在這個時間點上，他的視力大幅增進，能夠察覺細節，也幾乎和成人一樣能夠辨別所有顏色。眼下，經過幾個星期的嘗試，他終於有足夠的雙眼視功能和深度知覺，能夠蓄意伸手去抓某個吸引他的東西，譬如一組懸垂的彩環。

當寶寶鎖定目標時，看看他眼神裡的熱切興奮和堅決就知道了！你會看到寶寶做出一連串嘗試去伸手拿東西。他看看那物體，然後看看自己的手，把手挪近那物體，再瞄準一次，然後再伸手，直到抓到東西為止。

視覺引導的伸手動作是個了不起的成就。你的寶寶頭一次能夠協調從眼睛接收的訊息，去掌控、引導和指導他的手來完成自己所設定的任務。熟能生巧，到了大約六個月大，他將能夠伸手，而且僅用大拇指和食指就可以捏起小小葡萄乾。

隨著時間過去，當他的運動皮質系統逐漸發育，寶寶伸手的動作會更流暢、更精準。不過就算只有幾個月大，他也可以決定自己要什麼，然後伸手把那東西帶到他的視力範圍之內進一步檢視。這個世界神祕莫測，不停在發出召喚，你的寶寶禁不住伸手擁抱它。

探索

這個小男孩現在能夠用雙手積極檢視他的布製方塊玩具，意味著他頭一次能夠靈活運用所有的感官——視覺、嗅覺、聽覺、味覺、觸覺——來探索世界。他看到這個立方塊，伸手拿起它；他調整手的動作去摸它、感覺它；聽一聽它發出的聲音，聞一聞它，試著把它放進嘴裡。他用嘴巴咬一咬，用手捏一捏、戳一戳，拿在手中搖一搖，透過肢體來檢驗它，感知它的重量、質地、硬度和軟度。

寶寶天生會想要了解人與物體的世界是如何運作的。他們生來卽具有強大的內在機制，驅使他們尋索和檢視某些事物，然後把他們知悉的內容加以分類和組織。卽便只有幾個月大，你的寶寶能夠用科學家的好奇與毅力來測試假說和做實驗！當他拿起新玩具進行實驗，是在學著理解它怎麼起作用，並對未來的各種狀況發展出預測。他很快發現，物體會以某些特定和一致的方式回應，硬的和軟的表面不同，立方塊會往下掉，不會往上。與物體接觸的經驗教會他修正、改編、重塑、重組、重置他最初的理解。

隨著寶寶探索新世界的能力日漸擴展和精進，他必須持續修正他看待事物的方式。會有錯誤需要改正，誤解需要修整，觀念需要拓展。但是雙眼和雙手並用去探索的能力已經扭轉了他對世界的理解，也改變了他大腦的結構。

最重要的是，你的寶寶現在正在學習他能夠讓眼前的世界產生變化。他能夠讓事情發生。接下來的幾個月和幾年之中，他的預期會改變。將會有更多的不確定和驚奇出現。隨著他與嶄新挑戰和新奇經驗不斷搏鬥，信心會提升，他現在逐漸體驗到的駕馭感會更精熟深刻。他已經開始了解到他能夠透過自己的行動影響世事。

同理心

在寶寶出生前，你也許想像過她長大會成為什麼樣的人，也想過你希望她有什麼樣的個性。在所有的特質當中，你肯定希望你的寶寶將來是個善良而有同理心的人。

有證據顯示，即便是新生兒也會經驗到同理心的基本要素——也就是認同他人，甚至是感受到他人情緒。新生兒，甚至是剛出生沒幾天的嬰兒，在聽到其他嬰兒哭泣時，顯現出更大、更持久的苦惱。這個反應也許是基本的同情心的開端。

這初期同理心的表現，沒有比雙胞胎之間的關係更明顯的了。所有雙胞胎，不管是同卵或異卵，都在生理和情緒發展的同一時間點上有很多同樣的體驗，所以彼此不免形成一種感同身受的特殊連結。雙胞胎之間的這個特殊關係為他們日後和他人發展親密與情感的能力奠定了基礎。

每個寶寶，不管是獨生子、雙胞胎或是身為大家庭中的一員，都會從你身上，也就是父母身上，學到愛與善良。但是有手足的孩子還會從與兄弟姊妹的日常互動裡學到同情與關心。家中有新生兒報到，會改變和深化家庭關係。

尤其是嬰兒誕生的頭幾個月，做爸媽的你有獨一無二的機會來促進哥哥、姊姊和小寶寶之間的感情，你可以邀請哥哥、姊姊一起來照顧小寶寶，幫忙你為寶寶穿衣、餵奶或哄寶寶入睡。這種親近感——就如雙胞胎之間的連結——肯定會影響孩子的合作能力、敏察他人需要的能耐，這些特質最後都是盡責與忠誠的先決要件。

學會去愛

寶寶出生後的頭幾週和幾個月，隨著你和寶寶愈來愈了解彼此，你們學會讀懂了彼此的溝通信號。不僅如此，你的寶寶已經跟你、爺爺、奶奶、哥哥、姊姊和照顧者發展出不同的交談風格，各有各的目的和美感。

在三到四個月大時，寶寶突然有更多笑容——偶爾甚至咯咯大笑——咿咿呀呀說更多話，醒著的時間也更久。早先那種時而搭得上、時而搭不上的互動慢慢減少，更流暢但有結構的共同玩耍逐漸增加。不論是餵奶、洗澡或純粹只是說說話，都有起頭（「你餓了吧，對不對呀？」）、中段（「你真的喜歡這個呀？」）和結尾（「我想，你準備好要睡覺覺嘍。」）。現在你和寶寶有更多機會可以即興發揮，玩耍的時間對你們倆來說都很愜意。

有些人把早期的親子玩耍稱為「雙人舞」，因為它是一來一回的。但即使你體驗到許多美妙和諧的片刻，在雙方的交流裡漏掉一些線索和意外彈錯調還是很平常。你可能看不出寶寶想要休息一會兒的非語言訊號，或是在她需要安靜時，你還太活力充沛。在摸索對彼此行得通的對話模式時，你和寶寶就像兩個大人不免會同時「講話」，相互打岔，互動出現碰撞。你需要放慢說話的速度，或改變你的音色，以便更能配合寶寶的節奏。對話順不順暢，端看你能不能覺察溝通出了什麼差錯，以及從中學習改進。

交談和語言無疑是在早期的這類互動中奠定基礎的。也是在打好這些基礎後，你的寶寶才能學會真正的親密關係，學會兩人之間如何付出關懷和接受關懷，學會關係要能蓬勃發展少不了的尊重和耐心。你的寶寶正在學習如何去愛。

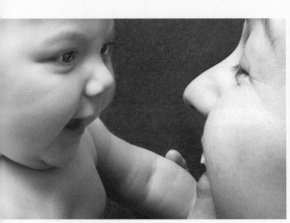

父母與嬰兒之間
一輩子的聯繫

新挑戰

在寶寶剛出生和後續的幾個月，你和寶寶會經歷到非比尋常的發展與轉變。這段時間裡，當你學著關照寶寶的需要，同時摸索著如何把為人父母這件事做到得心應手，你本身會做出大量的調整。

每一天跟寶寶相處的每一個經驗都很新奇、費力又叫人激動，而且難以預料。你會覺得，再怎麼準備都不夠讓你應付寶寶拋出來的形形色色問題和難題，簡直令人眼花撩亂。不管是確認他有沒有吃飽、睡飽，或者在寶寶煩躁時找出最好的方法安頓他。頭幾個星期和幾個月很令人興奮、苦惱，也很有回報，對寶寶的成長來說也很關鍵，因為你和他開始為長達一輩子的關係一同打下基礎。

這段歲月會鮮活地烙印在你的記憶裡，一生難忘。在你的寶寶的內心深處，也會記住這段時光！

寶寶的期待

寶寶帶著希望與期待出生。被保護、照顧和餵飽的需求是一種生物性的期待。當安全感和愛的基本需求獲得滿足時，寶寶感覺得到。他並沒有清楚意識到自己有這些期待，但這些期待內建在他腦中。

他希望哭的時候會被聽到，餓了會被餵飽，想睡覺時會被重視和保護，他的目光有人接住，笑的時候也有人報以笑容。當這些期待經常獲得滿足，寶寶會對你和這世界生出深刻的信賴感。

這些豐饒繁複的經驗會讓他感到安全和被愛，繼而加深他對你的依戀，讓他感覺到自身的價值，奠定他核心的自我感。

寶寶日益茁壯的能耐

在兩到三個月之間,你會注意到寶寶的發育在質的方面出現了轉折,他的能耐明顯地更上層樓。他簡直是不動聲色地達到了新境界。現在他處在清醒的時間會長很多;哭的時間比較少;隨著他的視力變得更清晰,聽力變得更敏銳,他會更把精力投入於周遭正在發生的事。最重要的是,他與人交際互動的能力蓬勃發展,似乎想把醒著的所有時間都用來跟你玩耍。

出生後頭幾個月會哭得難以安撫或有腸絞痛的寶寶,行為的改變更是劇烈。有些寶寶,早到從出生三週開始,一天可以哭三小時,在四到六週之間哭得最凶,可持續長達三個月。寶寶持續哭個不停又安撫不了,爸媽會感到沮喪和受不了,然而爸媽可以大為寬心的是,在三個月後,大多數寶寶哭鬧的情形會減少,首度出現親子雙方都很享受的長時間玩耍與探索。對於腹絞痛的寶寶和爸媽來說,這是嶄新的開始。

寶寶的睡眠型態也會改變。到了三或四個月大時,他的神經系統已經夠成熟,他的睡—醒模式更健全及穩定;睡著和醒著的期間一次可以持續三、四小時或更久。然而每個寶寶各自的模式不同,端看中央神經系統的發育程度和個人氣質,因此每個寶寶需要多少時間才能讓一個睡—醒模式穩定下來,差異很大。在這時期,寶寶的晝夜循環(生理時鐘)也開始建立。他現在可以「分辨」夜晚和白天,而且逐漸在夜裡睡得比白天久。

大約兩、三個月大時,位於大腦中心的松果腺開始產生褪黑激素,這賦予寶寶一個內在時鐘,幫助他調節睡眠和清醒的週期。雖然每個寶寶都不同,有些寶寶要花多一點時間建立生理時鐘,然而到了六個月大,大多數的寶寶都能夠睡一整夜,只醒來一、兩次。

寶寶的體重也充分反映出他喝奶及吸收營養的狀況是否良好。到了四個月大,他的體重會是出生時的兩倍以上,身長也會多出 10 到 13 公分。隨著他的發育加速和營養需求增加,喝奶的週期也會改變。母乳仍是這個年紀的寶寶最好的食物,儘管在四個

月大左右，他會需要硬質的副食品。你會發現，每次進食的間隔拉長了，進食的時程比較能預測。寶寶作息的時間表和家庭作息的時間表慢慢轉為同步。只不過，如果你必須出門上班，要把寶寶的進食週期融入家庭作息的時間表會有點棘手。

接下來幾個月，寶寶的姿勢和頭部及肩膀的肌力會更穩固，他很快就能一面坐著一面伸手去探查吸引他注意的有趣玩具。這些新能力為寶寶打開了充滿機會又令人興奮的新世界，他會抵擋不住地被深深吸引，並且前去探索它。觀察和聆聽仍是他目前偏好的學習方式，但他現在也能夠用手去積極試驗，從中學習。到四個月大，他可以留住落到他手中的玩具，並加以檢視，到了五個月大，他可以抓住某個立方塊，甚至把它從一手換到另一手。接著在五到六個月大時，他可以把自己往前推和開始爬行——邁出手臂和大腿的活動範圍；到了快滿周歲時，他很可能已經跨出第一步，吐出第一個字眼了。

喜歡互動的寶寶

接下來幾個月，你會注意到寶寶注視你的方式不一樣了，或許這是最明顯的變化。在三到五個月之間，他的社交能力開始蓬勃發展。由於他還不能自行移動，他的世界其實還是以你和他之間的互動為中心，不過他已經準備好要進行時間愈拉愈長的面對面互動。他簡直跟成人一樣可以掌控自己的目光，光是看著你，他就可以吸引你並且占據你的注意力。

你會發現你跟他長時間對視，有時候會默默地四目相對。沒有特別要做什麼：你們純粹很享受彼此的陪伴，凝視彼此，認識彼此。寶寶的目光變得更有穿透力，更「懂了什麼」，彷彿他可以望進你靈魂深處。

後續的這幾個月，這些凝視的片刻變得更微妙和複雜，好似他很擅長調整他與人面

對面的互動。他也許會用更大的笑容或咯咯大笑延長與人互動的時間，你也會發現，他只要把頭撇開就能結束某一次互動。在這些片刻裡，寶寶正在建立他對於溝通和語言的理解。最重要的是，你和他正爲那延續一輩子的關係打下基礎。

寶寶是可以容忍失誤的

親子之間的這種早期互動常常被稱爲「雙人舞」，類似某種動物的求愛儀式，成對的雙方搶眼地相互模仿每一個動作，像對著鏡子跳舞一般。不過這是一種美化的說法，會讓人以爲你和寶寶之間的互動永遠會完美一致。這種不切實際的高標準會嚇唬到父母，使他們焦慮。

如同任何在發展中的關係，你和寶寶的互動是很複雜、充滿挑戰的。誤解和錯失溝通機會的情況都是預料中的事。當他半夜哭鬧而你怎麼安撫也安撫不了，或是你幫他穿衣時他老是動來動去，你會被寶寶搞得很煩，甚至對他生氣。

幸好，寶寶是是可以容忍失誤的。不開心的情況過去之後，寶寶總會讓你回到正軌上。他給你很多機會，讓你從錯誤中學習，所以你們倆可以再次享受彼此的交流。

展望未來

這種面對面有來有往的互動充盈在往後幾個月你們大半的相處時間，爲寶寶的溝通奠定基礎，因此也是他未來生活中所有互動的基底。因爲這是大腦快速發育的時期，每一次社會經驗都會致使大腦中很多神經功能產生重大轉變。每一次你對他

報以笑容，每一次你讓煩躁的他停止哭泣，每一次你餵飽他的肚子，促進大腦發育的電脈衝就會被激發。

你對待寶寶的方式讓他形成一種內在運作模式，形成一種人與人應該如何彼此對待的期待。你們一同玩耍的付出與接受，給了寶寶何謂尊重與容忍、何謂寬諒與修復的重要的切身體驗。最重要的是，這些早期的來往讓寶寶從中學到什麼是無條件的愛與被愛。你的寶寶逐漸明白自己是令人喜愛的，是值得被愛的，這種體悟會持續滋養他內在的自我感。

希望與新生兒

「生命是不斷燃燒的火焰，它會逐漸燒盡，但是每當一個孩子誕生，生命之火便又重新點燃。」蕭伯納（George Bernard Shaw）寫道。在很多父母眼裡，未來世界也許看起來充滿挑戰、勞心勞力，甚至令人卻步。剛出生的寶寶送給我們「希望」這份禮物，以及伴隨希望而來的一個全新視野，讓我們在面對未來時有所依恃。憑藉自身的完美無瑕和無盡應許，新生兒是悲傷、失望甚至絕望的解藥。寶寶讓我們脫胎換骨，為我們注入熱情與精力，以面對生活的變化莫測。

寶寶的誕生，套句謝默斯・希尼（Seamus Heaney）的名言，「是希望和歷史韻律」（hope and history rhyme）的重大時刻。

作者的話

每一回能夠和剛出生的嬰兒相處，我都備感榮幸。嬰兒雙親在人生這個非常感性的時刻樂意讓我抱著他們的寶寶與之互動，總令我感動不已。然而始終是那剛出生的嬰兒，如此巧妙完美又回應熱誠，如此獨一無二又可親可愛，為那場合注入了期盼、悸動和敬畏。新生兒有一種能耐，能夠激發出我們最純粹的照顧和養育本能，使得有幸在場參與初生兒檢查的人永遠忘不了這過程。

我就是帶著深深的感激與期盼為每個新生兒做檢查，而收錄在這本書裡的嬰兒照片，先是在波士頓布萊根婦幼醫院（Brigham and Women's Hospital）他們剛出生不久的時候拍的，後來是在他們家裡拍的。使用新生兒行為觀察系統（Newborn Behavioral Observations，縮寫 NBO）檢視出生一天的嬰兒，不管是觀察手掌抓握反應或者踏步反應，或看著嬰兒用流暢的眼球運動追蹤一顆紅球，又或把頭轉向發出聲音的父親或母親，我有機會分享嬰兒雙親的興奮激動。為人父母的精力與熱情，他們對寶寶未來的希望與夢想，每每觸動我的心。這些診察時刻成了很多寶寶的家庭故事一環，對此我由衷地感恩。

對我和寶寶的父母來說，有攝影大師阿貝拉多·莫瑞爾（Abelardo Morell）在場，讓每一次診察時段更加難忘，他本身對於寶寶的熱情和深刻尊重，在書中照片表露無遺。透過他敏銳的雙眼，我們不僅記錄了每位寶寶的奇妙本領，而且捕捉到那些幽微且幾乎難以覺察又轉瞬即逝的表情，給了我們窺見寶寶心智和心靈的一扇窗，以及聽懂寶寶「語言」的線索。

　　撰寫這本書，我的目標是盡量不掉書袋，力求簡潔，但扼要之餘仍舊必須忠實呈現我描述的行為之相關研究的豐富與準確。我希望把這些研究發現闡述得淺顯易懂，提供給父母可靠、有用的資訊，而不會說得太生硬刻板。

　　與莫瑞爾合作是我莫大的榮幸。我也很幸運能夠跟莫瑞爾的助理艾米‧菲克斯（Aimee Fix）共事，她是麻省藝術學院（Massachusetts College of Art）畢業生，目前正從攝影轉入醫學領域。她以獨到的藝術才華、精煉優雅和幽默感編排每一張照片。我的女兒奧菲‧努金特（Aoife Nugent），普拉特藝術學院（Pratt Institute）的研究生，擔任這項計畫的協調者，與她一同工作是一段精彩難忘的愉快經驗。多虧小女的敬業，讓我們縱使雄心壯志堅持走完所有排程，也從未因此忽略寶寶及其家人的需要。在這些嬰兒剛出生的頭幾個鐘頭或頭幾天進行觀察和拍攝，是個難能可貴的殊榮，這項計畫若沒有布萊根婦幼醫院善心的醫生、護士和職員的支持與協助，不可能順利進行，我們在此致上深深感激。

　　在我們把照片搭配上文字的過程裡，麗莎‧麥艾蘭尼（Lisa McElaney）貢獻了她的專業與智慧；約瑟夫‧努金特（Joseph Nugent）和鄔娜‧麥喬夫—努金特（Una McGeough-Nugent）牽先看過文稿並提供建議；我的研究同事南西‧司尼德曼（Nancy Snidman）審閱心理學相關的內容。

　　我也要感謝佩姬‧安德森（Peg Anderson）把文稿修潤得很出色。沒有我們的編輯狄妮‧烏米（Deanne Urmy）的鼓勵和不屈不撓的慷慨襄助，大夥的努力不可能開花

結果，一開始就是她讓這項計畫成真。她秉持專業與耐心編輯文稿，帶著優雅與格調一步步引導我們前進。

在撰寫這本書的過程裡，我時常想起能夠在波士頓兒童醫院布列茲頓醫師的指導下對新生兒進行研究是多麼幸運。除了布列茲頓之外，海德莉絲・艾爾斯（Heidelise Als）和康斯坦絲・基佛（Constance Keefer）引介我進入新生兒的世界。他們對新生兒及其家庭的學術成就和熱忱多年來開拓了我的人生，我把他們很多洞見及其價值轉化成這本書裡的內容。我也要誠摯感謝布列茲頓研究中心（Brazelton Institute）的同事蘇珊・明尼爾（Susan Minear）、麗絲，強生（Lise Johnson）、伊芙特・布蘭察（Yvette Blanchard）和貝絲・麥克麥努斯（Beth McManus），關於嬰兒的語言，他們讓我受益良多，對於嬰兒及其雙親，他們給予應有的尊重。

最後，我只能以深深的景仰與欽佩，對嬰兒本身和他們的雙親說：萬分感謝！

攝影師的話

我和妻子爲人父母後，我做爲藝術工作者的生活起了急遽變化。當爸爸這件事翻轉了我的攝影生涯。把關注放在自己的寶寶身上，讓我想用嶄新的方式感受和拍攝生命。相較於我從前的攝影側重於用超現實畫面解構世界，全新的家庭攝影直擊所有感官，帶給我前所未有的親密感。在攝影的鏡頭下，生活似乎放緩了；在觀看之中，事物變得更鮮明突出。我深信此後我的作品反映了初爲人父那段早年時光中，一個嶄新的存在如何占領我全副心神、引出全新的發想。

首先我要感謝妻子麗莎・麥艾蘭尼，她對於兒童早期世界的專業研究和洞見令人大開眼界又靈思泉湧，對於我拍攝這些照片來說非常寶貴。沒錯，就是她說服我能勝任這項計畫的攝影師。

我很高興爲這本書拍攝照片。與努金特合作是我的榮幸，他擔任嬰兒和我們其他人之間的媒介，這種天賦簡直稱得上是奇蹟。況且我會用任何藉口來親近嬰兒，只希望這樣會讓我想起一開始身爲人父的初衷。

我要感謝我的助理艾米・菲克斯，她在這項計畫裡的攝影技術無與倫比。在她的指導下拍出來的照片往往變得更棒。

凱文・努金特博士 (Kevin Nugent, Ph.D.)

　　波士頓兒童醫院布列茲頓研究中心主任，在此從事新生兒研究和早期親子關係研究長達三十餘年。他任教於麻州大學阿默斯特分校 (University of Massachusetts at Amherest) 和哈佛醫學院 (Harvard Medical School)。與布列茲頓 (T. Berry Brazelton) 共同撰寫「新生兒行為衡鑑量表」(Neonatal Behavioral Assessment Scale)，廣為全球醫院採用。近來努金特與同僚研發出「新生兒行為觀察系統」(Newborn Behavioral Observations system)，用來協助父母親了解寶寶的行為。

阿貝拉多・莫瑞爾 (Abelardo Morell)

　　舉世聞名的攝影家，作品在全世界許多美術館展示和收藏，包括紐約現代美術館、惠特尼美國藝術博物館、紐約大都會博物館、芝加哥美術館，以及倫敦的維多利亞與亞伯特博物館。他是古根漢獎 (Guggenheim fellowship) 得獎人，作品散見於《書之書》(*A Book of Books*)、《暗箱》(*Camera Obscura*)、《阿貝拉多・莫瑞爾：攝影集》(*Abelardo Morell*)。

LP 004

寶寶正在跟你說話：新手父母必備的嬰兒表情圖鑑
YOUR BABY IS SPEAKING TO YOU: A Visual Guide to the Amazing Behaviors of Your Newborn and Growing Baby

合作出版—雅緻文化有限公司（愛兒學母公司）

著—凱文‧努金特博士（Dr. Kevin Nugent）
攝影—阿貝拉多‧莫瑞爾（Abelardo Morell）
譯—廖婉如
本書亞洲寶寶照片攝影—李放晴

出版者—心靈工坊文化事業股份有限公司
發行人—王浩威　總編輯—徐嘉俊
責任編輯—裘佳慧 特約編輯—林婉華
內文版型設計編排—陳俐君
通訊地址—10684 台北市大安區信義路四段 53 巷 8 號 2 樓
郵政劃撥—19546215　戶名—心靈工坊文化事業股份有限公司
電話—(02) 2702-9186　傳真—(02) 2702-9286
Email—service@psygarden.com.tw　網址—www.psygarden.com.tw

製版‧印刷—彩峰造藝印像股份有限公司
總經銷—大和書報圖書股份有限公司
電話—(02) 8990-2588　傳真—(02) 2290-1658
通訊地址—248 新北市新莊區五工五路二號
初版一刷—2022 年 12 月　ISBN—978-986-357-256-5　定價—400 元

國家圖書館出版品預行編目資料

寶寶正在跟你說話：新手父母必備的嬰兒表情圖鑑／凱文‧努金特博士（Dr. Kevin Nugent）
著、阿貝拉多‧莫瑞爾（Abelardo Morell）攝影、廖婉如譯 . -- 初版 . -- 臺北市：心靈
工坊文化事業股份有限公司，雅緻文化有限公司（愛兒學母公司）2022.12
120 面；23×23 公分 . -- (LP；004)
譯自：Your Baby Is Speaking to You: a visual guide to the amazing behaviors of your
newborn and growing baby
ISBN 978-986-357-256-5（平裝） 1.CST：育兒 2.CST：新生兒發育生理

428　　　　　　　　　　　　　　　　　　　　　　　　　　　　111017440